뉴턴의
비밀노트

뉴턴의
비밀노트

Newton's Notebook

아이작 뉴턴의 삶, 시대 그리고 발견들

조엘 레비 지음
정기영외 2명 옮김

씨실과 날실

역자 약력 정기영(동탄국제고등학교 교사) 서울대학교 대학원 과학교육학 석사
　　　　　김 혁(경기과학고 교사) 한국교원대학교 대학원 지구과학 박사
　　　　　이은주(당산서중학교 교사) 서울대학교 자연과학 대학원 물리학 석사

이 책은 뉴턴의 프린키피아에 영향을 준 수학적, 천문학적, 연금술적인 바탕과, 그 과정에서
상호작용했던 여러 과학자들과의 일화를 중심으로 하고 있습니다. _이은주

세상을 바꾼 위대한 과학자 시리즈 01

뉴턴의 비밀노트

2012년 4월 25일 초판 1쇄 발행
지은이 조엘 레비
옮긴이 정기영, 김 혁, 이은주
발행인 박정석
편집/디자인 dmisen*
마케팅 전대권
에디터 박정민
발행처 (주)씨실과 날실
출판신고 등록번호: 2007.6.15 제302-2007-000035호
주소 서울시 서초구 서초1동 1628-55호
전화 (02)523-3143~4 **팩스** (02)597-6627

판매대행 도서출판 세화
주소 서울시 용산구 청파동 3가 128-5호
전화 (02)719-3144~5(편집부) | **팩스** (02)719-3146
구입문의 (02)719-3142~3 (영업부)
홈페이지 www.sehwapub.co.kr

정가 20,000원
ISBN 978-89-93456-72-1 43400

NEWTON'S NOTEBOOK
by JOEL LEVY

이 도서는 영국 쿼드 출판그룹과의 코에디션 출판이 관계로 원서 크기 그대로 제작되었습니다. 글자가 작은 점 양해바랍니다.
*(주)씨실과 날실은 도서출판 세화의 자매회사로 초·중·고 학습 전문 출판사입니다.

Contents

들어가며

뉴턴의 대중적인 이미지는 나무 아래서 떨어지는 사과를 통해 번쩍이는 생각을 떠올린 것이다. 이 복잡하고 비범한 남자에 대해 말하자면 이 이야기는 전설이거나 신화이다. 뉴턴은 중력에 관한 이론데 대한 근거로 사과를 직접적으로 언급하지 않았다. 그는 다른사람들에게 나무에 매달려 있는 사과를 눈여겨 본 것을 통해, 그가 처음으로 생각한 두 물체가 서로 영향을 주는 힘을 달의 궤도에 똑같이 적용해 보라고 제안했다. 이 일화는 뉴튼이 죽은 뒤 그의 업적을 대중화시킨 사람들에게 전해졌고, 결국 영원한 전설로 바뀌었다. 이야기는 뉴턴 자신을 소재로 한 유명한 이야기가 되었다.

그의 생존시대에 이미 세계는 변화가 시작되었다. 신비스러운 뉴턴의 정체성(뒤틀린 마음, 비밀스러움, 천재와 버금가는 지능, 이단성향의 종교관)을 감싸고 있던 장막이 걷히기 시작했다. 뉴턴을 감싸던 장막이 걷히고, 그는 단단하고 빛나는 핵과 같은 위대한 과학자가 되었다. 그 후 몇 세기가 지난 지금 뉴턴은 합리적(이성적) 유물론자의 모범으로 억측과 추측을 버리고 증명될 수 있는 것만을 신뢰하는 과학자의 상징이 되었다. 바닥에서 드러나지 않던 진실들(자연의 법칙들, 하나의 거대한 체계로서의 우주, 톱니바퀴와 기어를 활용한 기구)을 끄집어내기 위해, 죽은 나무가지와 같은 미신과 신비주의를 제거하였다.

모든 미신과 전설들의 이야기는 숨겨진 진실의 핵이 존재한다. 뉴턴의 업적들은 획기적이며 그의 방법들은 혁신적이고 강력했다. 그의 시도들은, 오늘날 과학적인 방법이 되었으며, 인간 사고의 역사속에서 가장 강력한 도구로 입증된 과학적인 방법들로 알려져 있다. 이것들을 이용하여 그는 환상적인 발견들(미적분학, 운동의 법칙, 만유인력의 법칙, 색과 무지개의 설명, 세계, 명확성, 단순함, 조화의 전체 시스템)을 할 수 있었다.

되돌아가서 뉴턴의 사과에 관한 이야기를 해보자. 뉴턴의 말에 의하며 이 내용은 허구였다고 한다. 그의 집 정원에서 사과를 생각하면서 앉아 있을 때 단 한번에 중력 이론에 도달하지는 못했다. 사실은 학설의 발견과정은 아주 오랜 기간, 복잡하며, 수년의 걸쳐서 간헐적으로 일어 났으며 이것의 진짜 영감은 몇몇 사람들이 알고 있는 정보로 부터였다. 뉴턴은 단순한 '과학자'가 아니었다. 그를 표현할 수 있는 단어가 없다. 그는 자신을 오늘날 과학의 경계까지 걸치는 많은 영역의 사고를 다룬다는 넓은 의미의 용어로 자신을 "자연주의 철학자"라고 설명하였다. 그는 연금술사이자, 점성술을 배우는 학생이었고, 철학자의 돌(금속을 금으로 만들 수 있는 신비의 돌)을 찾기 위한 연구를 위해 실험실에서 독성인 금속을 반응시키는 연구도 하였다.

뉴턴의 인간미는 한마디로 설명하기 어렵다. 그의 삶의 대부분 일화중, 특히 그의 어린시절의 이야기는 그의 조카와 친구, 존 콘튜이트와 윌리엄 스터클리에 의해 수집되었다. 그들은 두터운 믿음속에서 뉴턴이라는 위대한 인간상을 만들고 보존하기 위한 신도들과 같았다. 그들은 뉴튼을 그렇게 받들면서 종종 불쾌한 사실은 감추었다. 뉴턴은 힘들고, 문제가 있었으며, 고통을 받고 있었다.

그는 부정적 병리학적 증오감을 가지고 있었다. 또 복수심와 원한을 마음속에 두었으며, 그가 가진 성정체성 문제로 힘들어 하였다. 어린 시절

아이작 뉴턴은 극도로 복잡한 성격의 소유자였다. 의문의 여지가 없는 천재 과학자로, 그의 위대한 발견들은 세상을 밝혔으며, 그는 또한 연금술, 신학, 신 재림의 예언에 빠지기도 했다. 이런 것 외에도, 뉴턴은 개인으로서는 비운의 사나이였다.

어머니의 버림에 의한 충격으로 마음의 상처를 입었으며, 때로는 광기로 가득차 있었다. 이 책에서 그의 과학을 기리기 위한 노력 을 공정하게 평가하기 위해서, 축약과 단순화 작업이 필요했었다. 뉴턴 스스로 다음과 같이 말한 것을 인용하는 것이 가장 적절할 것 같다. "독자들에게 내가 작업한 것들이 솔직하게 읽혀지기를 진심으로 부탁한다, 그러기 위해서는 내가 한 결점들이 너무 어려워서 비난을 받기 보다는 친절하게 제공되어야 할 것이다. 그리고 독자 탐험가들에 의해 문제점을 밝혀낼 것이다."

당시 영국의 달력
뉴턴의 시대에 영국은 여전히 오래된 율리우스력(1년은 2월을 제외하고 모두 30일이나 31일씩 12개월로 나누었다. 4년마다 366일의 윤년이 나타남)을 사용했고, 그레고리력으로 전환은 그 당시 실행되지 않았다. 고전방식의 날짜는 대륙에서 사용한 새 달력에 비하여 10~11일 정도 늦었다. 유럽대륙에서 사용하는 달력의 새해는 3월 25일에 시작한다. 표준 사용을 위해, 이 책에서는 새 방식으로 연도를 표기했다. 그러므로 뉴턴의 죽음은 3월 20일이었는데, 영국달력으로는 1726년이었지만, 현대의 계산법으로 그는 1727년에 사망했다.

CHAPTER ONE

농부의 아들

뉴턴의 탄생

천재는 우연히 태어나는가? 또는 시대의 산물인가? 뉴턴은 대내란, 종교 그리고 학문의 혼란의 시대의 가운데에서 태어났다. 그에 비해 영국의 외곽에 사는 그의 가족들은 조용하고 상대적으로 평화로왔다. 그리고 그의 배경과 가까운 가족들은 이제 막 태어난 위대한 천재에 대한 암시가 전혀 없었다.

뉴턴은 1642년 크리스마스에 태어났다. 적어도 그에게는 의미심장한 날일 수 있는 날짜였다. 그는 아버지 없이 유복자로 태어났으며, 그의 아버지(아이작 뉴턴 시니어)는 36살의 젊은 나이로 10월 초순에 돌아가셨다. 그는 유언을 이렇게 남겼다. "몸은 병들었지만, 기쁘고 아름다운 추억을 가지고 간다." 이런 것을 통해 그의 아버지가 어느 정도 지병을 앓고 있었음을 알수 있다.

뉴턴 집안은 영국 동부 링컨셔에서 소지주와 하위 귀족의 중간정도인 농업을 기반으로 한 집안이었다. 그 당시 영국은 사회 경제적 계급이 여전히 중요했지만 점점 변하고 있었다. 뉴턴의 증조부, 웨스트비의 존 뉴턴

1705년 뉴턴에게 기사 작위가 내려졌을 때, 그는 그의 가계도를 증명해야 했다. 그 과정에서 그는 그의 조상들의 혈통을 보여주는 가계도를 그리는데, 벌써 작위가 주어진 친척 존 뉴턴 경을 조심스럽게 포함시킨다. 뉴턴의 가계도를 단순하게 보여준 그림은 다음과 같다.

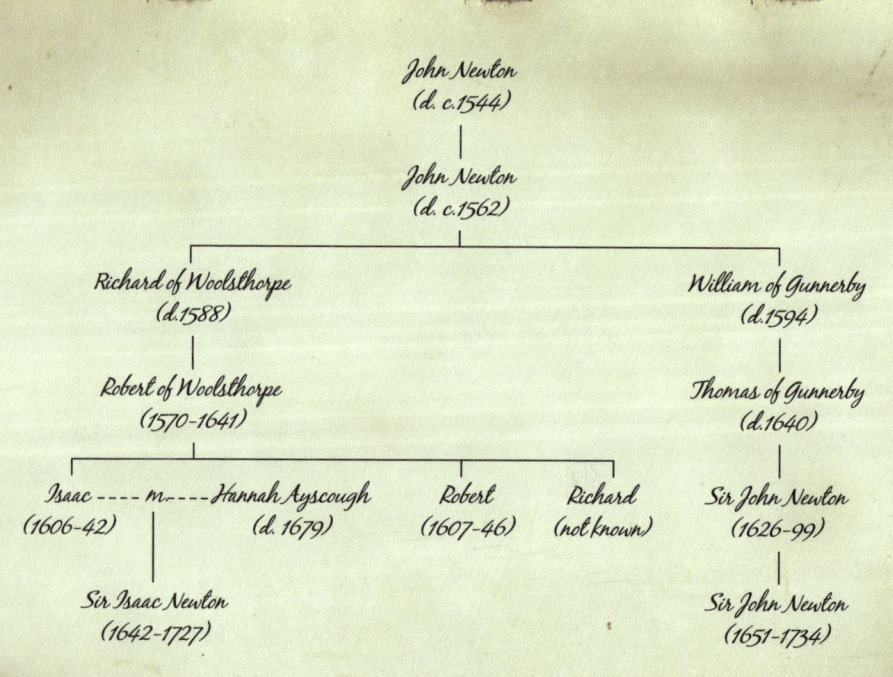

은 16세기 중반에 가족이 번영하기에 충분한 재산을 그의 후손들에게 유산으로 남기면서 가족들의 운명을 바꿨다. 뉴턴의 할아버지, 로버트는 울즈소프(Woolsthorpe)의 농장을 집으로 구입했다, 그리고 아기 아이작의 운명은 가족의 농지를 활용하여 양을 키우는 부농이 되도록 잘 설계되어 있는 것처럼 보였다.

그러나 뉴턴과 그의 조상들과의 결정적인 차이점은 작은 귀족의 딸이었던 어머니 한나 에이스커프였다. 뉴턴의 외삼촌 윌리암은 근처의 버튼 코글의 신학교장이었다. 비록 전형적인 그의 가계도에서는 외가 쪽은 무시되었지만 그의 교육은 외가 쪽의 영향이 컸다. 그래서 뉴턴가의 첫 번째 순서로 그의 이름을 쓸 수 있었고 많은 것들이 가능할 수 있었던 기반은 외가의 영향을 받아 성공했기 때문이다.

뉴턴의 집은 링컨셔(Lincolnshire)의 한 마을 로 영국의 동부에 위치한다.

1000cc도 안 되었던 작은 아이

뉴턴은 매우 작고 약골 소년으로 알려지고 있다. "태어날 때 물 1L가 들어갈 수 있는 냄비에 들어갈 정도로 아주 작았다." 뉴턴의 조카에 따르면 "뉴턴 출생 당시 출산을 돕기 위해 왔던 두 여성이 약을 사기 위해 심부름을 보냈을 때, 아주 작게 태어난 뉴턴을 보고 약을 갖고 돌아오기 전에 아기가 죽을 거라는 생각 때문에 그들은 전혀 서두르지 않았었다."고 한다.

"뉴턴 경은 그가 태어났을때 그가 너무 작아서 그가 1L 냄비에 들어갈 정도였으며, 아주 작고 똑바로 가누기 위해 목받침을 그의 목주위에 감싸야 했다고 말했다."

– 존 콘듀이트, 뉴턴의 일생

현대 전기작가들은 이러한 이야기를 회의적으로 받아들인다. 뉴턴을 신격화하기 위한 것이 그의 생전에서부터 시작된것으로 본다. 이러한 이야기들은 아이의 미래에 대한 예측을 만드는데 도움을 준다. 이 이야기는 뉴턴이 조산아(미숙아)로 태어났다고 주장하는 뉴턴을 감싸는데 효과적이다. 혼전 임신이었을지도 모른다는 가능성을 약화시키는데 목적이 있을 수도 있다. 그의 부모는 4월에 결혼했고, 뉴턴은 12월 25일에 태어나고 1643년 1월1일까지 세례를 받지 않았던 것이 사실이다. 그의 삶이 일주일 동안 저울질되고 있었던 것이다.

포기

뉴턴의 어린시절 성장기 경험은 그의 어머니로부터의 이별이다. 그가 세 살 무렵이라 그에게 그의 어머니가 전부인 시절이었다. 어린 뉴턴의 세계는 어머니의 재혼으로 엄청난 충격을 가져왔다. 재혼 조건이 새 남편의 집에 가서 함께 살아야 했기 때문에, 어린 아이를 울즈소프 집의 친정 부모님께 맡겼다.

뉴 턴은 아버지는 없었지만 경제적으로는 풍족했다. 그의 아버지의 유언에 따르면 울즈소프의 토지는 450파운드 이상이며 234마리의 양, 소 46마리를 남겨 놓았다. 이 당시 전형적인 소지주는 100파운드와 일반적으로 40마리 내외의 양을 남기는 정도였다. 뉴턴의 어머니는 농장 집에서 이 작은 왕국을 지배하였는데, 이곳은 시내로부터 몇 km 떨어졌으며 대북길의 서쪽방향으로 건물이 별로 없는 작은 마을의 중심에 위치하였으며 튼튼한 중세풍의 회색 석회암 집이었다.

스미스 아저씨, 아주머니

아직 30대였던, 미망인 어머니는 영국 국교 교구 목사 바르나바스 스미스의 눈을 사로잡았다. 그는 63살의 부자였으며 6개월 전에 아내와 사별하였다. 옥스퍼드를 졸업한 스미스는 배움에 대한 갈망이 있었던 것으로 보인다. 그는 큰 노트(그 당시 종이는 매우 비쌌다)를 가지고 있었으며, 그의 도서관에 있는 200여 권의 이론적 작품들로부터 발췌한 것들을 두서 없이 이 노트에 적었다. 스미스의 양아들(뉴턴)은 이 노트와 도서관을 나중에 유산으로 받은 것이다. 도서관은 나중에 종교 교육을 통해 그를 이단으로 이끄는 역할을 했다고 보고 있다(70쪽 참고). 반면 노트는 미적분과 뉴턴식 기계들 발명의 출발점이 되었다. 뉴턴은 이것을 "쓸모 없는 책"(아마도 그렇게 부른 이유는 그가 가지고 있는 선입견 때문)이라고 부르며 스미스의 학문적 노력들에 대해 평가했다.

바르나바스와 한나는 1646년 초에 결혼하고 그녀는 그와 함께 살기 위해 집을 떠났다. 어린 아이작을 울즈소프에 남겨두고서 그녀의 부모님들이 뉴턴을 돌보면서 울즈소프의 재산으로부터 수익을 지키기위해 계획을 한 것이다. 뉴턴 전기의 우수한 작가, 리차드 웨스트폴의 말에 의하면,

뉴턴 역학은 뉴턴의 "쓸모없는 책"에서 가져왔다. 두 개의 원리가 후에 관성의 법칙이라고 불리는 뉴턴의 운동 제1법칙으로 발전하였다.

1. 물체가 한번 움직이면 이것은 외부의 원인에 의해 방해받지 않으며 절대로 멈추지 않는다.

2. 물체는 외부 원인에 의해 방향을 바꾸지 않는다면 항상 같은 직선방향으로(방향과 운동 속력은 변하지 않고) 움직인다.

woolsthorpe

울즈소프
아이작 뉴턴이 이 집의 2층 방에서 태어났다. 뉴턴은 후에 직접 해시계를 벽에 새기면서 집안 내부를 장식했다.

스미스는 매우 강건한 사람으로 나타난다. 그가 고령임에도 한나와 결혼하고―메리, 벤자민, 그리고 한나―세 남매를 낳고 8년 뒤에 죽는다.

지워지지 않는 상처

성인으로 뉴턴은 폐쇄적(내성적)이고, 변덕스러우며(우울한), 감정적이며 격노하기 쉽고 불만을 오래 품었다. 대부분의 전기작들은 이렇게 많은 감정들의 문제들의 뿌리는 뉴턴이 어린 시절 엄마와의 이별로부터 생긴 정신적 피해라고 분석하고 있다. 그의 어린 시절에 관해 남아있는 자료는 약간의 현장 자료에 의존하며 그의 심리상태에 대한 아주 미약한 자료들이다. 어린아이로 뉴턴은 연습장에 다음과 같은 단어를 썼다. 그 단어들 중에 "친척과 이름"이라는 주제 아래에서 "형제 : 놈, Benjamite.. 아버지 : 간통자"라고 썼다(Benjamite―셋째 아들, Benjamine을 부르는 애칭). 더 놀라운 것은 뉴턴이 종교적인 잘못을 쓴것으로 유명한 피츠 윌리암 노트(그가 대학에 학부생으로 있을 때 썼다)이다. 이때는 양아버지, 스미스가 죽은지 오래되었다. 그러나 뉴턴은 명확하게 그의 어린시절의 고통을 기억하고 있었다. 놀랍게도 하찮은 종교적인 잘못들 중에서 "일요일 밤에 파이를 만들다."처럼 놀랄만한 고백이 나왔다. "그의 엄마와 양아버지에 대한 방화로 협박하는 것도 있었다."

뉴턴의 고조 할아버지, 웨스트비 출신의 존 뉴턴은 울즈소프의 농장을 그의 아들 리차드를 위해 샀다. 이것을 물려받은 뉴턴의 할아버지 로버트는 1623년에 이 농장에 나중에 뉴턴이 태어나는 영주 저택을 사서 포함시켰다.(현재, 영국의 동부 그랜섬이라는 도시에 이 집이 남아있다. 뉴턴의 생가로 유명하다.)

세계는 전쟁 중

울즈소프는 군인들이 나라를 위·아래로 행진하는 통로인 대북 도로의 서쪽으로 약 수백 km 떨어진 곳에 위치한다. 영국에서 일어난 내전(The English Civil War)과 대반란(The Great Rebellion)으로부터 유아인 뉴턴에게 미치는 직접적인 경험은 알려진 바와 같이 제한적이었을 것이다. 그러나 이것이 끼친 영향은 오래 지속되고 확실했다.

대반란(1642~51)은 솔직히 왕과 의회의 정권 싸움이었다. 통치권이 강력하게 세습된 군주에게 있다고 믿는 사람들과 그 통치권은 의회에 있다고 믿는 사람들 사이에 벌어진 싸움이었다. 그리고 왕은 의회의 동의를 가지고 다수의 국민들을 지배할 수 있었다. 실제로 거기에는 이보다 더 거대한 협약이 있었다. 이것은 또 종교에 관한 전쟁이었다. 그 당시 나라를 광신의 원흉으로 몰 수 있는 위협이었으며 이것은 기존에 있던 정교도와 달리 기독교를 향한 접근에 다양한 의견을 말하는 시도들에 대한 문을 열게 하였다. 이런 맥락에서 이것은 기존의 믿음에 대한 반항이었다. 아마도 뉴턴이 선도할 과학 혁명을 위한 선제조건들이었을 것이다.

기사 당원과 의회 당원

뉴턴의 양아버지와 삼촌은 양심의 문제 때문에 그들의 생계와 삶을 잃어버리는 시대의 교구 목사였다. 그러나 바르나바스와 윌리엄은 모두 새로운 정치와 종교 변화에 잘 적응한 것처럼 보였다. 이것은 많은 뉴턴 전기 작가들이 뉴턴이 하류 귀족으로 신분 유지를 위한 기득권 보호를 지지하는, 왕당원이라는 것을 알수 있다. 그러나 뉴턴의 나중 삶에서 신랄한 반카톨릭 선입견이 만든 지조있는 신교도관의 환경은 그의 가족들을 왕과 적대관계로 형성시켰다는 것을 암시한다.

당시 실생활에서는 이런 정치적 문제들은 영향력이 없었으며, 어린 아이작 뉴턴에게도 전쟁은 큰 문제가 아니었다. 시대적으로 중대한 사건들이 그의 유년기에 일어났음에도 불구하고 뉴턴이 탄생하던 해, 시민전쟁의 시작을 볼 수 있었다. 1월에 왕은 런던을 벗어나고, 10월에 전쟁의 첫 전투를 에지힐에서 치루었다. 1643년 5월에 그랜섬 근처에서 전초전이 일어났고, 거기에 다른 작은 전쟁들이 다음 십여 년 동안 일어나지만, 링컨셔는 의회파로써 재빨리 보호되었다. 군인들이 뉴턴의 농장 근처로 통과했을지도 모른다. 울즈소프에 군인들이 체류하기도 했으나 이러한 어떤 사건도 기록으로 남아있지않다.

1649년 찰스 1세가 축출되고 영국은 곧 크롬웰의 통치로 전환되었다. 약 10년간은 과거 왕국이 영국 연방이 되었고, 그 다음 호민관(평민 출신의 선출관리)정치를 하

찰스1세 제왕의 모습
그의 왕권신수설 주장은 의회와의 협약이 파기되고 영국 내란을 시작시켰다.

영연방의 공화당은 1649년부터 1660년까지 지배했다. Pax quaeritur bello는 "평화는 전쟁을 통해 이루어진다."는 뜻이다.

"우리의 아버지들이 다시 산다면, 이 사회를 조심스럽게 살피면서 모든 것을 보고 혼동스러워하고, 전복된 정부를 볼 것이다. 그들은 이 나라가 자신의 나라였다는 것을 알지 못할 것이다. 종교, 예의, 삶 그리고 인간의 형상들은 그 당시의 것들과 많이 달라 보인다."

– 소논문에서, 세계가 엉망진창이다, 1647

였고, 크롬웰의 죽음 뒤에 산산히 흩어졌다. 1660년 찰스 2세가 왕좌에 복위되었다. 아직 이런 모든 것들이 링컨서의 조그만 동네에 사는 뉴턴의 삶에 영향을 주지는 못했던 것 같다. 그가 캠브리지에서 대학생으로 큰 무대로 진입하는 시대에, 영국 내란의 소란이 끝났다. 그러나 이런 시대 분위기가 남아서, 뉴턴의 사고에 중요한 영향을 주었다. 이교도파는 종교에 접근할 때 뉴턴의 이교도 관점에서 표현을 찾았다. 과거 카톨릭 왕과의 충돌은 뉴턴의 제임스 2세 왕과의 논쟁에서 반영되었다. 시민 투쟁은 새로운 사람을 대학에서 중요한 자리로 바꿨다. 그리고 뉴턴은 그들의 새로운 사고방법에서 혜택을 받았을 것이다.

찰스 왕의 재판
수년 뒤, 아이작 뉴턴은 찰스왕의 아들, 제임스와 그 자신의 법적 분쟁에 들어간다.(10쪽 참고)

학교 생활

역사상 가장 위대한 학문적 성과물들의 뿌리를 보기 위한 가장 분명한 장소는 뉴턴의 초기 교육에 있다, 그러나 그 당시의 증거물은 서로 상반되어있다. 그의 정규 교육은 교육과정의 한계에 따라 한정되어 있다. 그러나 일화와 그의 청년기의 낙서는 세심한 학자의 첫번째 흥분들로 드러나 있다.

1653년 8월에 바르나바스 스미스는 죽고 뉴턴의 어머니는 울즈소프로 세 명의 이복형제들을 끌고 돌아온다. 이것이 기쁜일이지 아니면 잔인한 재회인지는 모르겠지만, 나중에 1662년, 뉴턴의 잘못을 적은 메모장에서, 대다수 전기작가들은 후자라고 생각하려 했다. 1년 반의 생활을 적은 기록들에서 그의 심리적 피해가 벌써 나타났다. 어린 아이작이 동네 학교에 다니는 걸로 알려졌지만, 그의 이복 동생들과 힘든 관계를 겪었다고 나온다. "내 여동생 때리기"는 그의 잘못 기록장에 24번 항목이었다. 그가 12살이 되어 그랜섬에 있는 그래머 학교(대학교를 준비하는 중·고등학교)에 갈 나이가 되었던 해 1655년은 그에게서 고통을 제거하는 때였을것이다. 그랜섬은 약 11km 떨어진 곳이며 매일 다니기에는 먼 거리였고, 기숙생활이 필요했다. 그 곳에서 그의 교육도 안정이 되었다.

왕립학교

에드워드 6세의 공립 그래머 학교(학비무료)는 16세기 중반 헌장에 의거 옛 학교의 한쪽에 설립되었다. 뉴턴이 다닐 때쯤 윌리암 세실(엘리자베스1세의 국무총리), 그리고 철학자 헨리 모어(뉴턴에게 큰 영향을 준 인물), 교장선생님 헨리 스톡스(캠브리지 출신)와 같은 유명한 졸업생들이 포함되어 있었다. 그 학교는 80여명의 학생들을 재울 수 있는 기숙사가 갖추어져 있다. 뉴턴은 초기에는 가장 낮은 자리이고 뒤쪽 자리에 배치되었다(학생들은 그 시절 능력에 따라 등급화 되었고 좌석이 정해졌다). 외톨이며 비사교적인 아이, 그는 적응하기 위해 아마도 고난을 격었을 것이다. 전해지는 일화에 의하면 그는 "착실한, 조용한, 사고하는 소년"으로

뉴턴의 편지사진을 복사해서 이 책에 넣었는데, 아마도 학교나 대학 친구를 위한 것이었다.

Loving friend
It is commonly reported that you are sick.
Truly I am sorry for that. But I am much more sorry that you got your sicknesse (for that they say too) by drinking too much. I ernestly desire you first to repent of your haveing beene drunk & then to seeke to recover your health. And if it pleas God that you ever bee well againe then have a care to live healthfully & soberly for time to come. This will bee very well pleasing to all your freinds & especially to
Your very loving freind
I. N.

(하느님)이라는 단어를 대놓고 사용 1
그분의 집에서 사과를 먹음 2
안식일에 깃털을 만든 것 3
내가 만들었다는 사실을 부인 4
안식일에 쥐 덫을 만든 것 5
안식일에 차임을 연구한 것 6
안식일날 물을 뿌린 것 7
일요일 밤에 파이를 만든 것 8
안식일날 수영을 한 것 9
안식일 날 lohn Keys의 모자에 핀을 넣어서 골탕 먹인것 10
많은 잔소리를 주의 깊지 않게 듣곤 했다. 11
어머니의 명령에 가기를 거부한 것 12

아버지와 어머니 스미스를 집과 함께 태워버린다고 협박한 것 13
죽음을 소망하고 누군가에게 희망한 것 14
많은 사람을 공격한 것 15
깨끗하지 않은 생각, 단어, 행동과 꿈을 가진 것 16
에드워드 스토러의 체리를 훔친 것 17
내가 했다는 것을 부인한 것 18
알면서도 어머니와 할머니께 인사를 안한 것 19
믿음보다 돈을 버는 기쁨에 마음을 더준 것 20
다시 나쁜 짓에 빠진 것 21
다시 나쁜 짓에 빠진 것 22
주님의 식사시간에 내 약속을 지키지 못한 것 23
내 여동생을 주먹으로 친 것 24

"남자애들과 밖에서 놀기를 꺼렸다."고 한다.

몇 년이 지나도 그는 인기가 없었다. 스터클리는 뉴턴은 그의 동료들의 "경박한 운동"에 신경을 쓰지 않았다고 한다. 이것을 통해 그의 사회적 능력이 친구들로부터 떨어져 있다는 것의 증거를 찾을 수 있다. 아직 친구를 만드는 사회적 또는 감성적 지적능력이 없는 증거들은 뉴턴이 어떤 형태의 아스페르거 증후군으로 고통을 받고 있다는 것을 나타낸다.

성숙한 소년으로서 쓴 "사랑스런 친구"라는 편지를 보면, 그는 어떤 학자처럼 보인다.

라틴어 그리고 더 많은 라틴어

뉴턴의 느린 발달은 아마도 그 당시 교육 과정의 본질 때문인 것 같다. 라틴어로 된 환경이 학습하기 위한 단순한 경로가 아닌 진실의 길로 인식되었다. 따라서 뉴턴은 라틴어, 라틴어 그리고 더 많은 라틴어, 약간의 그리스어와 히브리어를 공부했다. 놀랍게도 그가 이룬 성과물들은 그가 학교를 떠나고 몇 달이 되어서 완성되었으며, 그는 미래의 농부들을 위한 실용적인 산술인 수학에서의 적은 양의 연수를 받았다. 그러나 다른 천재들처럼, 스스로 하는 학습자였으며, 그의 제한된 학교 교육외에 폭 넓은 독서와 그의 양아버지로부터의 물려받은 책들, 그리고 그랜섬의 울프람 도서관 책들의 도움을 받고 학술을 연장시켜 나아갔다. 이 도서관은 신학 서적들로 이루어졌는데 뉴턴의 선생님 중 한 분인 청교도인(존 엔젤)에 의해 관리되는 곳이었다. 이러한 종교적인 자료들에 대한 빠른 접근은 그의 나머지 인생을 위해 강건하며 뿌리 깊은 신념을 형성하도록 이끌었다.

뉴턴의 잘못을 적은 기록장
오순절 일요일 전에 친구들과 어울리는 것에 빠졌으며 그리고 4번째 명령을 지키지 못한 것이다.
(안식일날 일을 하는 것을 제한받음)

"차분하고, 조용하고 사고가 많은 아이"

과학적 영감(기폭제)

뉴턴은 오늘날 과학이라 불리는 것들을 학교에서 배우지 못했지만, 그럼에도 불구하고 자연철학에서 공부를 시작했다. 그는 발명과 제약, 색료, 약 제조와 소묘와 스크래치에 안목과 재능을 가졌다. 이것들은 모두 전형적인 남학생들이 추구하는 것들이지만, 그는 이러한 것들의 연습을 통해서 그의 고귀한 재능들의 첫 끈을 구별할 수 있도록 만들었다.

윌리엄 스터클리는 뉴턴이 어떻게 그림들로 그의 방을 채웠는지의 일화를 수집했다. 식물들, 새들, 짐승들, 남자와 배, 죽은 왕(John Donne)의 초상화, 그의 학교 교장(Stokes)의 목탄 스케치와 놀랍게도 추상적인 물체인 선들, 사각형들, 원들이 있었다. 이런 것들은 그의 미래에 대한 분명한 표식이 되었다. D.T. 와이트사이드(유명한 뉴턴의 수학 연구 학자)는 이러한 것들이 싹트고 수학적 조숙으로 읽히기 위해서는 어머니의 사랑과 같은 맹목적인 사랑이 필요하다고 주장했다.

그가 가지고 있던 그림 그리는 실력은 부분적으로 그가 좋아하는 책들에서 나온 지침을 따르면서 발전되었는데, 이러한 것들이 과학자가 되는 과정에서 중요한 역할을 하는 것처럼 보인다. 이 책은 1634년 자연과 예술의 미스테리, 비밀과 불가사의, 재료, 민속학이 수집된 무질서하고 비체계적인 것이었다. 이 책은 네 장으로 이루어졌는데, 첫째는 물이 하는 일, 둘째는 불이 하는 일, 셋째는 그림, 색, 채색, 조각이 있으며, 넷째는 엄청난

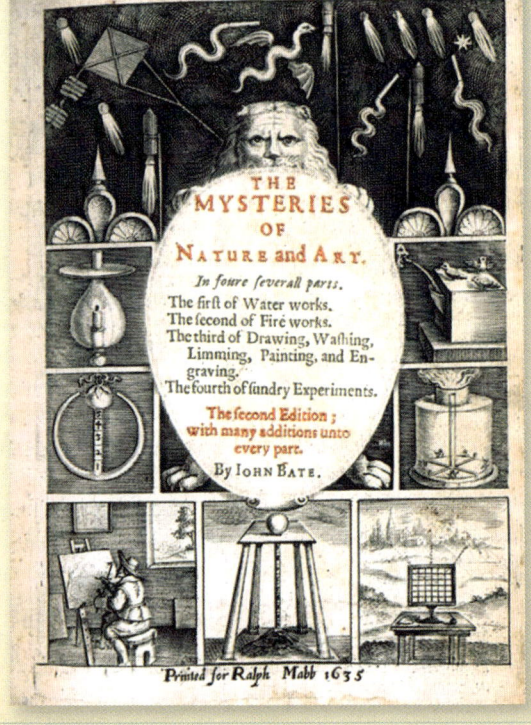

존 베이트의 자연과 예술의 미스테리라는 책의 표지에서 뉴턴에게 자연철학의 기쁨과 책 내용을 설명하는"다채로운 실험"은 그를 자연세계를 탐험하도록 시작시키는 실험을 하게 했다.

기쁨과 함께 실용적인 여러 가지 실험들로 되어 있다. 그가 13살일 때 이 책을 발견하고 그의 책에 많은 문구들을 인용했다.

이 훌륭한 책은 그를 자극하여 모형들과 기계, 해시계와 천체 관측 기구, 색깔들 그리고 빛, 화학물질들과 재료들 등 그의 후반부 삶에서의 망상들과 발견들의 예상과 함께 그의 안에서 황홀감을 만드는 불을 지폈다. 이미 이것은 거의 실용적인 발명이었다. 이것은 독자에게 사물을 어떻게 작동하며 만드는지, 세계의 이론 또는 체계에 대한 산출물을 제공한다.

실험에서 첫 번째 도약

베이트의 즐거운 실험들에 영감을 얻은, 뉴턴은 그 자신의 것을 실행하였다. 그는 나중에 펨브로크의 공작에게 이것이 그가 처음으로 만든 것이었다고 말했다. 1658년 9월 3일 올리버 크롬웰이 죽은 날, 거대한 폭풍이 빠른 바람으로 대지를 강타하였다. 그 폭풍의 세기를 측정하기 위하여, 뉴턴은 하늘로 뛰어올랐다. 바람을 등지고 또 바람에 맞서서. 그는 도약한 지점과 떨어진 거리를 기록하였다. 그리고 이 기록들을 맑은 날 도약했던 기록들과 비교하였다. 이 방법에서 그는 "폭풍의 세기"를 측정할 수 있었다. 그리고 학교 동료들에게 알렸다. 바람은 한 발짝 더 강했다. 그가 경험했던 것보다 뉴턴이 멀리뛰기 대회에서 이기기 위해서 작은 실험을 하면서 얻은 결과를 사용했다는 다른 종류의 이야기가 있다.

초기의 노트들

베이트의 자연과 예술의 미스테리에 대한 뉴턴의 열정은, 재료와 도구 그리고 그의 숨어있는 정신세계에 대한 작은 단서조차도 관심사였다라는 것을 뉴턴의 초기 노트(기록장)에 보존된 것을 통해서 알 수 있었다. 그의 삶의 형성기를 나타내는 자료가 적은 상황에서 모건 노트는 귀중하고 유익한 자료이며 값진 뉴턴의 청년시절의 생각을 보여준다.

뉴턴이 가진 몽상가와 일꾼으로서의 능력은 그가 매우 신중하고 계획적인 접근을 가진 인물이었다는 것을 알 수 있었다. 이 방법은 경로를 남기는 장점과 그의 사고 과정들을 증거로 낼 때 당시에는 부족하지만 훌륭한 증거들을 남긴다. 웨스트폴은 이것을 "그의 희망, 아마도 욕구는 정보를 정리하고 분류하려는 것이다."라고 했다. 그의 초기의 삶에서 여러 가지를 적었다. 그 자신을 위하면서도 정보를 이해하고 동기화시키고, 문제를 확실하게 정의하고, 답을 향해 일하기 시작했다. 그리고 이런 것들을 '노트'(종이를 여러장으로 모아서 만들고 가죽으로 마감하였다)에 적었다.

남아있는 초기 노트들 중의 하나는 라틴어 연습장으로, 라틴어를 연습할때 쓴 몇몇 불완전한 문장들이 학교생활을 시작하려는 시기에 소외감, 외로움, 그리고 절망이 있었다는 것을 보여준다. 1659년쯤에, 그는 2.5펜스(어머니가 준 돈)를 작은 노트를 사는데 쓴다. 라틴어로 그 책에 "이 책은 아이작 뉴턴의 것이다." 라고 썼다. 학교생활 기간 중 뉴턴의 특수성은 그가 그의 정제성의 흔적을 남기기 위한 충동을 느낀 것처럼 보인다. 그의 사인을 방과 책상 심지어 창문 틈새에 있는 나무나 돌에 새겼다.

모건 노트(모건 도서관에 보관된 뉴턴의 노트)로 알려진 이 기록장을 보면, 뉴턴은 베이트로부터의 긴 문장들을 작고 조심스러운 필기로 옮겨 적었다. 후에 그는 프란시스 그레고리의 라틴어 책의 단어들의 표를 노트의 안쪽 첫 장부터 작성하였으며, 그 자신이 가진 숨겼던 이야기를 넣었다. 중간 페이지에 있는 천문학적인 표들과 1662년 교회의 달력은 해시계를 만드는 방법의 묘사와 같이 자세하게 나타내고 있다.

*"작은 동료; 나의 부족한 도움으로 그는 창백하다.
여기에는 내가 앉을 자리가 없다. 집의 꼭대기에서 지옥의 바닥에서
어떤 적응이 그에게 적절할까? 무엇이 그를 위한것인가?
나는 끝을 내고 싶다. 나는 아무것도 못하고 눈물만 흘린다.
내가 무엇을 할지 모르겠다."*

– 뉴턴의 라틴어 연습장에서의 기록, 아마도 학교생활 시작 후 바로 쓴 것 같음

불을 붙여라

　　메이트의 예처럼 학교 교육과정 외의 영역에서 나타난 그의 부지런함은 특별하게 두각을 나타내지 않았다. 그의 경쟁 심리는 다른 친구와의 싸움에 뛰어들면서 불꽃처럼 타올랐다. 학교 가는 길에 그의 교실에서 상위 레벨에 있던 친구 아더 스토리(뉴턴과 같은 방을 쓰는 친구였다)가 뉴턴의 배를 걷어찼다. 그의 조카, 컨 듀이트는 뉴턴의 반응을 기록하였다. 뉴턴은 그 소년에게 싸움을 신청하고 그들은 교회 마당으로 나왔다. 뉴턴은 그와 맞설 정도로 강하지는 않았다. 그러나 그는 더 강한 정신력과 결심으로 친구가 다시는 싸우지 않도록 선언할 때까지 때리겠다고 각오했다. 그리고 결과적으로 뉴턴은 그의 귀를 잡아당기고 그의 얼굴을 교회 벽면에 밀어붙였다. 적수를 육체적으로 제압하면서 뉴턴은 그를 학문적으로도 제압하기로 결심했다. 그는 강력한 지적 능력으로 학교활동에 참여하면서 빠르게 반 전체에서 1등으로 상승했다. 이 것은 보기 힘든 상황이 아니라 그의 삶에서 항상 나타나는 경향으로 볼 수 있다. 그에게 도전하는 사람들을 지배하고 굴복시키기 위해 그의 괴롭고 지루하며 광박관념에 사로잡힌 시도들을 하게 될 것을 암시했다.

해시계를 어떻게 표시하는지에 대한 자세한 설명과 함께, 뉴턴은 베이트 해시계 그림을 모건 노트에 옮겼다. 그의 조잡한 선과 곡선, 그리고 각도는 글자로 표시되고 프린키피아에 나올 비슷한 구조를 예측할 수 있다.

어느 지역에서나 만들수 있는 해시계의 척도와 표의 사용법

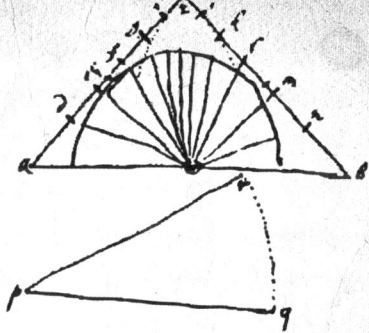

Make a streight line which you intend shall stand for 6 a clock at the Morning & night let the line be as long as from the begining of the line of latitudes where there is a peice a bras to the degree of lattitude for which the Dyal is erected supose the 50th degree & you make the line (a b) yn take the length of the line of the line of cords from the begining to the 60th degree set one foot of the compasses on a & make a scrow at t with the other foote. & doe the like at the point at b. yn draw two streight lines from the place where the two scrows meet at c to a & b. as (a c, a b) & marke those lines out according to the howerline on the ruler. as d e f g h i k l m n. Then take the point twixt a & b & make a circle & draw line from each of the former marke through the circle to the center o. & those are the hower lines For the gnomen make a line as long as a c or b c was & that line must be joyned ro the dial suppose it b p. q. describe a circle as q. r. Then one point of the compasses on the line of cords at the begining & let the other foot reach to the figure which is the same with the lattitude supose 50. Then set one foote of the compasses upon g another on the circle suppose it reach to r yn draw a line from r to p. & that line is the line that casts the shaddow. &c

해시계와 모형들

뉴턴의 생애가 끝나갈 때쯤, 그의 제자들은 그의 어린 시절에 관한 이야기들을 수집하였다. 그의 일화들 중 가장 특이하고 놀라운 것들은 뉴턴은 창의적인 장치를 만드는 과정에서 매우 기뻐했다는 것이다. 물레방아, 손전등, 해시계. 그의 연구실에 그가 개발한 장치들 중에서 그가 만든 장치를 갖추려고 할 때 세계 최초로 만든 반사 망원경이 그를 높은 경지에 올려 놓았다.

스터클리가 1720년에 그랜섬에 왔을 때, 뉴턴의 어린 시절 일화를 찾았다. 사람들이 가장 많이 기억했던 것은 "뉴턴의 이상한 발명들과 독특한 역학적 실험을 위한 경사면들"이었다. 그는 이 작품들을 도구와 그의 돈을 써가면서 그의 방이 가득 차도록 만들었다.

방앗간과 방앗간 주인

그는 남자친구들보다 여자 친구들을 더 좋아했고 그녀들을 위해 귀엽게 제작된 인형의 집 가구들을 제작하기 위해서 연장들을 사용했다. 그는 그랜섬의 북쪽에 설치된지 얼마 되지 않은 새 풍차기구에 의해 영감을 받았다. 그리고 풍차 모형을 비슷하게 만들어 지붕에 설치하니 돛과 함께 돌았다. 뉴턴은 이 기구를 쥐가 들어가는 쳇바퀴와 함께 연결시켰다. 그는 쥐의 꼬리를 당기거나 쥐앞에 옥수수 알갱이들을 놓아서 달리도록 만들었다. 이 기구를 "방앗간 주인"이라고 농담을 했다. 그는 크랭크축에 의해 움직이는 운전사가 앉아 있어도 수레를 회전시키는 그래서 수레 스스로 움직일 수 있는 장치를 만들었다. 그는 "주름진 종이"를 활용하여 빛이 나오는 장치로 겨울에 학교까지의 길을 밝히는 등을 만들고, 낮에는 접어서 그의 주머니에 보관하게끔 만들었다. 또한 이 등을 날리는 연에 달아서 공중에 띄웠더니 마을 주민들이 황홀하게 놀랐으며, 시골사람들 사이에 맥주 한잔 하면서 나오는 이야기가 되었다. 실제로, 뉴턴은 물건을 만드는 것에 적극적이었다. 그는 신앙심이 경건했으나 일요일에도 이 작업들에서 손을 뗄수 없었다. 1662년의 이런 큰 죄에 대한 고백들의 내용은 "안식일 날 쥐덫 만든 일", "안식일 날 종소리 연구하기"그리고 "안식일 아침 줄 꼬기"등이 있었다.

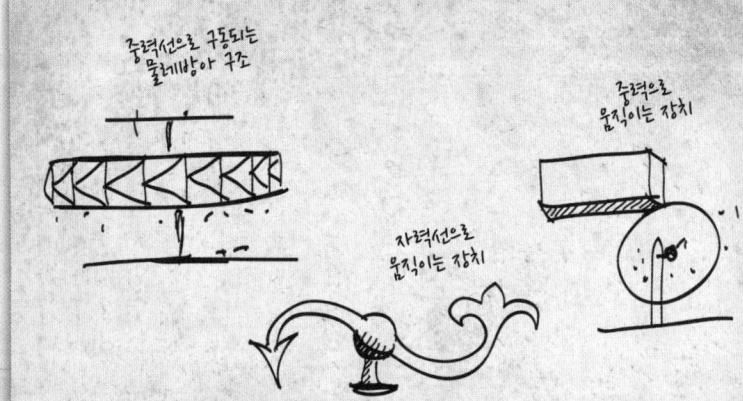

뉴턴의 중력과 자력을 이용한 영구(멈추지 않는) 운동 장치의 그림

뉴턴은 연필칼로 울즈소프에 있
는 집의 벽면에 해시계 그림을 새
겨 넣었다고 말했다. 그리고 이
해시계는 블럭으로 떼어내어 영
국 왕립학회에 기증되었고, 오늘
날 자랑스럽게 전시하고 있다.

"그는 태양의 운동을 탐색하기 위한 그의 호기심을 만족시키는 색다른 방법을 보여주었다. 그의 집, 그의 방, 현관문과 태양이 들어오는 모든 곳에 다양한 형태와 장치의 해시계를 만들었다."

– 스터클리, 아이작 뉴턴 경의 회상, 1752

여러가지 형태의 장치들

그랜섬에서 학교를 다니기 전부터 뉴턴은 태양의 운동에 빠져 있었다. 태양이 지나가는 경로와 시간에 따른 것들을 관측하였다. 스터클리는 '시계의 다양한 종류'를 만들 때, 그의 방이 이것으로 가득찼으며 다른 방도 그리고 입구까지 있었다. 울즈소프 근처 교회에 해시계를 설치한 것이 뉴턴이 아홉살 때 새겼던 것인데, 이것은 로얄 소사이어티의 소유물로 뉴턴이 벽에 새긴 해시계로 울즈소프 저택 벽의 일부였다.

초기의 미숙한 해시계들이 남아있는데, 뉴턴이 키가 크면서 점점 벽위쪽으로 새겨져 있다. 어린 뉴턴은 시간, 30분, 그리고 15분 단위를 점으로 돌에 새겼다. 그것들 사이를 줄을 연결시키고 그 위에 벨을 달아서 벨이 앞뒤로 움직이게 하고 계절에 따라 그림자가 변하는지 알 수 있고 그 결과를 모아서 달력으로 만드는 자료가 되었다. 이것들을 하면서 다음의 개념들을 종합적으로 연결시켜 보았다. 시간과 공간, 무거운 물체와 운동 그리고 선, 원, 각의 기하학

약제사의 조수

그가 그랜섬의 학교를 다닐때, 주거할 집이 필요했다. 그는 클라크씨 가족과 함께 살았는데, 클라크씨는 약제사이며 학교와 연관되어 때때로 기숙하는 학생을 조지 여관 옆 시내 중심가에 있는 그의 집에 받았다. 여기서 그는 그의 방에 그림을 그렸고 복도를 해시계로 채워 넣었다. 아마도 여기서 그가 처음이자 유일한 이성과의 로맨스가 살아난 곳이라고 추정된다.

뉴턴과 클라크 가족—존 약제사와 그의 아내, 그리고 세 명의 아이들 캐더린, 에드워드 그리고 아더 스터러는 약국 위에 있는 방에서 살았다. 이곳은 아마 복잡했고 뉴턴의 라틴어 연습 책에 쓴 한 줄에 "집 꼭대기는 지옥의 바닥이다."라고 제시하며 그가 같이 살기 시작할 때부터 같이 지내는 것이 극도로 싫어했음을 보여준다.

뉴턴과 클라크 가족의 두 소년과의 관계는 초기에는 불안했다. 그의 1662년 잘못을 기록한 리스트에서 "에드워드로부터 체리 훔치기", "내가 한 잘못을 발뺌하기", "빵조각과 버터를 위해 마스터 클라크에서 역정내기" 등이 있으며 아더는 그의 배를 걷어차며 못살게 군것 같다. 그리고 아더는 뉴턴으로 부터 되돌려 맞았다. 아마도 그는 그를 학문적으로 굴욕을 주는 뉴턴의 진행형의 탐구를 좋아하지 않았다. 아직 세 소년들은 동료 결성식을 계획하지 않았다. 후기의 삶에서 아더 스터러는 새 세계의 메릴랜드에 나타난 뉴턴의 혜성 관측을 알리려 했다, 에드워드는 울즈소프 영주의 저택에 그를 손님으로 맞을 수 있었다.

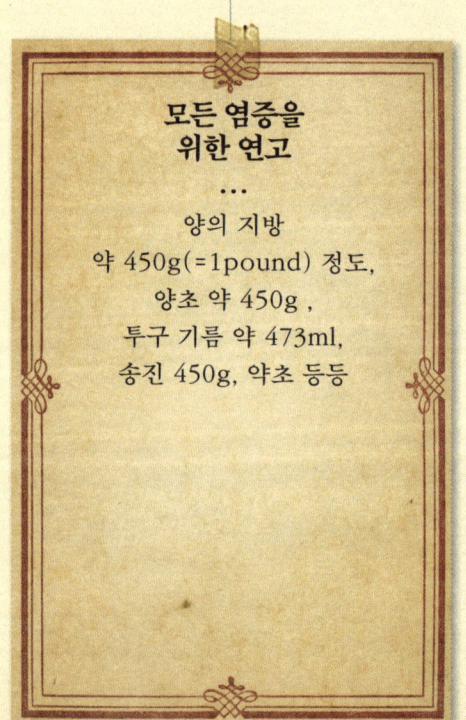

모든 염증을 위한 연고

...

양의 지방
약 450g(=1pound) 정도,
양초 약 450g ,
투구 기름 약 473ml,
송진 450g, 약초 등등

뉴턴이 노트에 기록한 베이트의 재료

옆집 소녀

뉴턴은 캐더린과는 훨씬 더 잘 지냈다. 그는 그녀와 그녀 친구들과 놀기를 그의 교실 친구랑 놀기보다 좋아했다. 그가 만든 인형의 집 가구들을 가지고 그들을 기쁘게 하였다. 그들이 점점 자라면서 어린 사랑이 예상처럼 둘 사이에 피었다. 스터클리는 이 이야기를 이렇게 녹음했다. "아이작 경과 그녀는 같이 자라왔기 때문에, 그는 그녀를 위한 사랑을 보여 주었다. 그녀도 부정하지 않았다. 그러나 그녀가 차지하는 비중은 그가 대학의 연구원이 되는 것보다 작았고, 그가 교녀와 결혼하는 행운과 공부는 같이 일어날 수 없었다.

약과 치료액

뉴턴의 클라크씨 가족과 사는 것으로 가장

중요한 결과는 뉴턴의 사교적이 되기보다는 지적으로 성장하였다는 것이다. 클라크는 그의 시대에 자유로운 사상가였다. 그는 배우는 것에 흥미가 있었는데 특별히 그의 사업에서 유익한 실용적 기술들에 관심이 있었다. 그는 어린 아이작이 가게에서 그를 도와 약물과 연고들 그리고 약을 함께 섞는 화학에 대하여 배우도록 장려하였다.

가게는 알라딘의 이국적인 약재가 든 항아리, 병들, 그리고 다발들이 있었으며 약초를 추출하고, 광물과 독성과 치료의 힘이 있는 다양한 색깔의 화합물들은 염화제일수은, 염기성 탄산염, 일산화납 그리고 흰 비소(수은, 납, 비소의 염)였다. 뉴턴이 복사한 베이트의 재료 목록은 섞고 준비해가는 과정 속에 그를 매료시키는 유언장 같았다. 클라크와 베이트로부터 뉴턴이 배운 화학은 오늘날 실험실에 일어나는 과학과는 상당한 차이가 있었다. 이것은 또한 뉴턴이 나중에 완전히 몰입하게 되는 연금술과도 다른 것이었다. 그러나 이것은 뉴턴에게 화학약품의 세계를 소개시켰으며, 그리고 그것들을 다루고 만드는 기술을 알려주었다. 그의 후반기 과학 업적들은 이론과 실험을 융합시키는 능력, 그 일과 추상적인것을 포함한 현실 세계의 현상을 연관시키는 능력, 예측하고 실험하는 능력들의 도움을 많이 받았다.

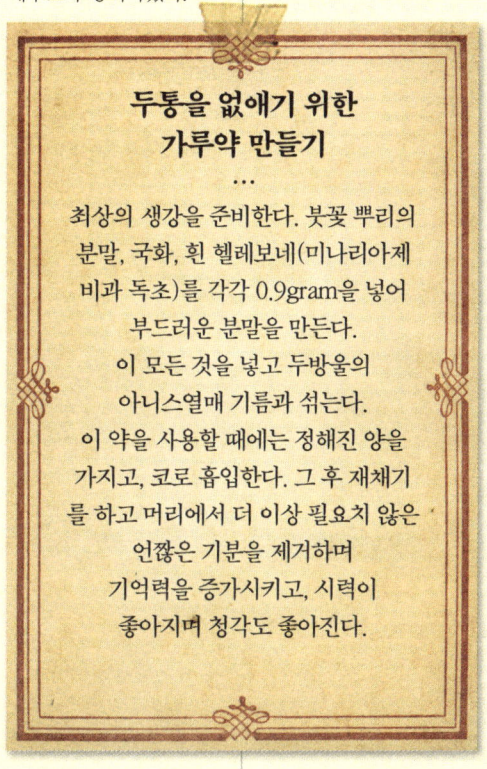

두통을 없애기 위한
가루약 만들기
...
최상의 생강을 준비한다. 붓꽃 뿌리의 분말, 국화, 흰 헬레보네(미나리아제비과 독초)를 각각 0.9gram을 넣어 부드러운 분말을 만든다.
이 모든 것을 넣고 두방울의 아니스열매 기름과 섞는다.
이 약을 사용할 때에는 정해진 양을 가지고, 코로 흡입한다. 그 후 재채기를 하고 머리에서 더 이상 필요치 않은 언짢은 기분을 제거하며 기억력을 증가시키고, 시력이 좋아지며 청각도 좋아진다.

약제상 항아리와 주전자는 치료약을 위한 약제들을 보관하며 클라크씨 약제상의 선반에 가득 차 있었다. 많은 약재들은 빛에 반응하기 때문에 불투명한 도자기 병에 보관했다.

이국적인 약재는 항아리, 병들로 다발의 형태로- 약초 추출물, 광물 독성과 치료하는 힘이 뛰어난 다양한 색깔의 화합물들....

농부에는 부적합, 학자로는 매우 적합

아이작 뉴턴의 삶의 전환점은 1658년 후반에 찾아왔다. 그의 어머니가 17살 뉴턴을 집으로 불러서 신사적인 농장주로 아버지의 일을 물려받기를 요구했다. 그를 캠브리지로 보낸 것은 아마도 캠브리지에서 공부한 그의 동생 윌링엄 때문이었다. 이제 뉴턴은 그가 필요로 하는 이상의 교육을 이수할 수 없었으며 이제 그는 가장의 의무를 수행하여야 할 시기였다. 그러나 뉴턴은 다른 생각이 있었으며, 두 명의 영향력 있는 스승으로부터 지원을 받고 있었다.

아이작과 농부의 삶은 잘 맞지 않았다. 지금까지 그의 지적 한계는 확대되었고 그는 거대한 기구들의 배움의 추구에 완전히 녹아 있었다. 농장을 운영하는 것은 매일 같은 걱정과 보살핌의 연속이다.— 콘듀이트는 나중에 말하기를 농부는 뉴턴에 대한 "저급 고용"이라고 했다 — 농장 일은 뉴턴을 만족시키지 못했다. 그는 건성, 부주의, 농부 역할에 대한 기본 체력의 부족에 대한 이야기들을 무척 많이 했다.

몽상을 신뢰하다

하인과 함께 시장에 갔을때, 그는 하인을 매수하여 골목에서 그를 남겨놓고 가도록했다. 그리고 그는 하루종일 책을 읽거나 모형을 만들었다. 그랜섬에 가도록 강요되어지면, 그는 클라크씨 집의 옛날 방에 가서 클라크씨의 형제인 학교 교장으로 부터 물려받은 도서관의 새책들을 읽었다. 집으로 오는 길에 스피틀게이트 언덕의 경사면에서는 말에서 내려 말을 끌고 생각에 잠겨 말에 다시 올라타는 것을 잊고 집에까지 말을 끌고 오곤 했다. 한 전설에 의하면 그 말은 고삐를 풀고 떨어져 나갔지만, 상상에 빠진 소년은 알지 못하고 고삐만 손에 들고 계속 걸었다고 한다.

양을 돌보라고 했을때, 그는 다른 곳에 가서 작은 움직이는 물레방아를 가지고 냇물에 수문을 갖춘 적당한 댐을 만들었다. 콜스터워스의 영주 법원의 기록에는 "1659년 10월 28일, 뉴턴이 그의 양들이 나무를 망가뜨려 손해를 준 것, 그의 돼지가 옥수수 농장에 무단침입하여 손해를 준 것, 그의 농장 울타리를 손보지 않아 피해를 준 것 등에 의해서 벌금이 내려졌다."라는 기록이 있다.

"하인들은 그와 이별하는 것에 대해 기뻐하며, 그는 다른것에는 아무 쓸모없지만, 대학교에는 어울리는 사람이다 라고 주장했다."
— 스터클리, 기억들

사자는 갈기를 포기할 수 없다

익살스러운 행동들은 집에서도 여전했다. 그의 1662년 잘못을 기록한 리스트에서 슬픈 결과들이 제시되었다. "해질녘에 오라는 어머니의 명령을 거역한 것", "어머니에게 짜증을 냄", "하인들과 사이가 틀어지다",

"데로시 로즈를 계집년이라고 부른 것"등 그에게는 다른 길이 있는것이 분명해 보였다. 웨스트 폴은 "그는 사자가 갈기를 포기하는 것보다 더 큰 그의 본성을 무시할 수 없었다."라고 말했다.

왕립학교에서는 스톡스그의 뛰어난 제자들을 대학 입학을 위해 수련시키고 있었다. 그는 뉴턴이 학문의 길을 추구하는 것이 낭비라는 생각과 그런 노력은 반드시 실패한다는 생각을 가진 뉴턴의 어머니와 논쟁을 했다. 그는 학생들을 그의 집에 머물수 있게 제공하였으며(뉴턴은 클라크씨네와 함께 사는 것을 반겼다) 그랜섬시 외부 주민에게 받는 학비로부터 뉴턴의 어머니를 면제시켜 주려고 했다. 그 중에서도 어머니의 오빠이자 목사인 윌리엄 아이스커프도 영향을 끼쳤다.

그들이 함께 노력하여 결실이 맺어졌다. 1660년 가을, 뉴턴은 캠브리지 대학 입학을 위한 준비를 하기위해 그랜섬의 학교로 돌아올 수 있게 허락되었다. 스터클리는 "울즈소프에 있는 하인들이 뉴턴의 특이한 적개심, 분노, 부족한 조심성, 게으름에 짜증나 있었던것이 분명하며 그와의 이별을 즐거워 할것"이라고 했다.

학교에 돌아와서, 뉴턴은 새로운 높이까지 학업 성취를 하였다. 그가 떠나야 할 때에, 스톡스는 뉴턴이 눈물을 흘리면서 그의 기도를 부르며 학교 앞에 서도록 만들었다. 1661년 6월에 그는 트리니티 단과대학에 입학하기 위해 남쪽 캠브리지를 향해 떠났다. 캠브리지 대학들 중에 최고이자 그의 외삼촌이 다녔던 대학이었다. 아마도 영국 역사상 최고의 학부 과정 삶이 시작되었다.

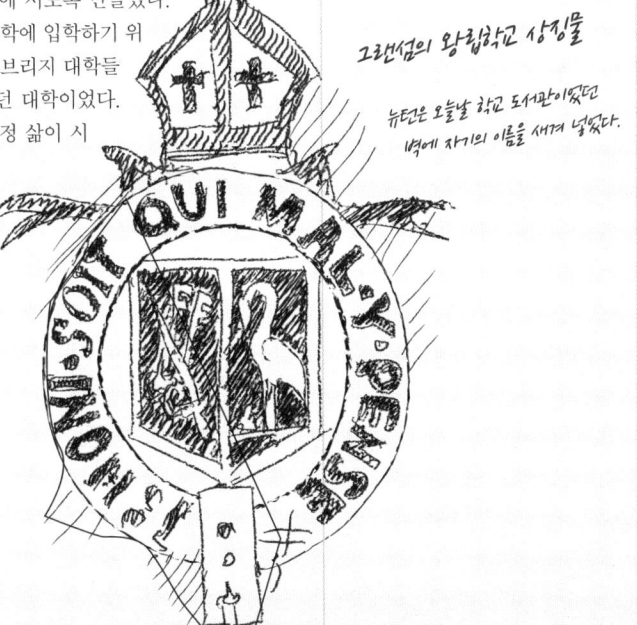

그랜섬의 왕립학교 상징물

뉴턴은 오늘날 학교 도서관이었던 벽에 자기의 이름을 새겨 넣었다.

HONI SOIT QUI
MAL Y PENSE

(악은 악을 생각하는
사람에게 따라간다.)

CHAPTER TWO

대학교에서의 뉴턴

1660년대 캠브리지

캠브리지 삶 속에서, 뉴턴은 또 다른 세계에 발을 들였다. 캠브리지는 규모로는 아주 작은 사회였지만, 크기와 어울리지 않게 나라의 시민, 종교, 학문 생활에 영향력을 펼치는 곳이었다. 아직 캠브리지가 첨단과 진지한 논쟁을 꽃피우는 학문적인 낙원은 아니었다. 캠브리지는 더럽고, 소란스럽고, 혼잡하며 정치적 갈등으로 각각 나뉜 곳이었다. 시골에서 온 순진한 청년에게는 매우 위험한 곳이었다.

1660년대 캠브리지는 영국의 중요 상업 도로와 수로가 통과하는 곳에 위치한 작은 도시였다. 대(大)북 도로와 펜즈에서 동부로 이어지는 수로가 만나는 곳에 위치하고 있다. 런던으로부터 단지 80Km 북쪽에 위치하면서 수도 런던의 크기와 비교하여 1/100 정도로 작은 도시이다. 작은 건물들은 비좁은 길을 마주보며 줄지어 서있으며, 동네의 싸구려 맥주를 즐기는 사람들로 붐비는 도시이다. 풍요로운 지역 출신의 이방인에게는 이 도시는 형편없어 보였을 것이다. 그리고 50년 지난 뒤에도 독일 여행가 Zachrius는 "마을보다 더 크지 않으며, 세계적으로 불쌍한 지역들 중의 하나이다."라고 언급했다. 그러나 그의 집으로부터 멀리 떠나 본적이 없었던 뉴턴에게는 이곳은 바빌론(고대 메소포타미아의 거대한 도시)과 같은 느낌이었을 것이다. 3,000여명의 대학교 사람(학생들, 대학원생들, 그리고 교직원)을 포함한 총 7,000명의 인구 속에는 학생들의 학업 외 욕구를 만족시키는 다수의 창녀와 여인숙 주인들 그리고 그들이 가지고 있는 나머지 돈 마저 빼앗으려 하는 도둑과 사기꾼들이 있었다. 실제로 캠브리지는 학생들에게 위험한 도시로 악명 높았다.

마을과 대학

마을과 학교 사이의 갈등에서 파생되는 폭력의 위협들은 지역 주민과 그들을 지배하는 학교사이에 있었다. 대학은 시 인구와 경제의 큰 부분 뿐만 아니라, 대부분의 정치적이고 법적인 권위를 가졌었다. 부유하고 오만한 학생들과 대학에 대한 분노는 대학이 갖고 있는 마을을 지배하는 독재적 성향의 권위와 합쳐져서 악화되었다. 1600년대의 왕실 헌장은 도시와 시장의 공공 권리를 보장했지만, 이것은 "헌장의 무엇도 대학의 총장, 학장, 그리고 학자의 특권, 자유, 이익에 차별하거나 방해할 수 없다"라는 조항을 요구했다.

가장 유명한 대학

도시의 흉물스러운 모습의 예외는 캠 강(River Cam)을 따라 세워진 건물들, 즉 대학들이었다. 가장 명성 있는 단과대학은 트리니티(Holy and Undivided Trinity) 대학으로, 1546년에 헨리 8세에 의해 설립되었다. 뉴턴의 동시대 사람은 이 대학을 캠브리지의 단과대학들 중에서 가장 유명한 대학으로 묘사하고 있다. 트리니티 대학은 학문적으로는 다른 단과대학들보다 우월하였다. 트리니티 대학은 가장 유명한 교수들과 가장 뛰어

캠브리지

캠브리지는 거대 상업 도로가 관통하는 Fenland의 가장자리에 위치하며 물건을 파는 시장이 있는 마을이었다.

캠브리지 대학교의 트리니티 단과대학 건물

난 졸업생들을 배출하였다. 1660년에 찰스 2세의 왕정복고에 따라, 트리니티 대학은 더욱 커진 교육기관으로 명예 교수, 학자, 성가대원, 하인들을 포함해 400명이 넘었다. 뉴턴은 윌리엄 삼촌과, 약제사 클라크씨와 클라크씨 부인의 오빠 험프리 바빙턴이 트리니티의 명예교수였기 때문에 트리니티에 입학할 수 있었다. 스터클리에 따르면, 바빙턴은 뉴턴에게 매우 친절했다고 전해지며, 아마도 뉴턴의 연구방향에 영향을 주었다고 한다. 그는 뉴턴의 진로에 중대한 영향을 미쳤다.

> "대부분의 거리들은 매우 비좁아서 두 개의 외바퀴 손수레가 주요거리에서 마주치면, 두 손수레가 서로 통과해서 시민들이 걸을 수 있는 공간이 만들어지기 까지는 30분 정도 걸렸다. 마을의 대다수 건물들은 매우 작고 낮아서 인간을 위한 집보다는 난쟁이들을 위한 오두막집 처럼 보였다."

– 17세기 캠브리지를 다녀간 무명의 방문객

17세기의 서쪽을 향한 트리니티 대학 전경
뉴턴은 북쪽 측면 방들을 사용했으며 나중에 정문의 오른쪽 방들을 사용했다.

곤혹스러움
부총장은 그의 권력을 사용하기를 주저하지 않았다. 뉴턴이 오기 한 해 전, 마을 시장 에드워드는 부총장 페르네 박사와의 권력 싸움에서 죄가 있는 세 남자를 도시 교도소에서 석방시키게 되고 대학에게 굴욕감을 갖게 되었고 시장은 서신으로 사과하도록 종용되었다. "나는 실수를 인정하고 앞으로는 내가 아는 대학의 자유와 특권을 침해하지 않을 것을 약속한다."

외롭고 낙심한 연구원

뉴턴은 주변으로부터 인기 있는 사람이 되기에는 적절한 사회성이 없었고, 그의 낮은 경제적 환경은 대학의 강력한 사회 경제적 위계에 적응하도록 하였다. 역사적 기록에서 뉴턴은 학부생으로는 전혀 존재감 없는 학생이었다. 그러나 그가 남긴 기록들이 그의 대학생활을 설명할 수 있는 근거가 되었다.

1661년 6월 2일에 울즈소프를 떠나면서, 뉴턴은 캠브리지까지 북쪽 대로를 따라 여행하면서 내려왔다. 학장과 주임 교수들에 의해 간단한 면접심사를 거친 후, 6월 5일 트리니티 대학에 등록하였다. 그는 입학식을 거쳐서, 학생들과 함께 선서하고 학비를 냈다.

그러나 뉴턴은 다른 학생들과는 달랐다. 학생들 사이에도 부에 따른 서열이 있었다. 가장 상위계급에 위치하는 평민의원들은 식당에서 상위 식탁에 앉는 특권을 누릴 수 있는 부유한 집안 학생들이었다. 그리고 자비생(pensioner) 웨스트폴에 따르면 "단지 부유한" 서열의 학생들, 그리고 이 아래는 대학생활의 서민층, 트리니티 대학의 "경제적으로 어려운 학생"으로 명명되는 장학생과 준장학생이 있었다. 장학생들은 스승과 명예교수들에게 봉사하였으며, 준장학생들은 동료학생들을 위해 봉사하였다. 장학생들은 하인과 같은 일을 하며, 학비를 공제받았지만 대학으로부터 숙식은 제공받지 못했다. 그들의 임무는 단순한 업무, 하인처럼 행동하거나, 구두를 닦고, 홀에서 시중을 들고, 청소하고, 나무를 운반하고, 변기를 운반하는 것이었다. 지위에 따른 차별은 준장학생들이 부유한 학생과 서민층과 어울리는 것을 금지하였다.

부족한 생활비

뉴턴이 갖은 낮은 지위는, 그의 어머니가 그에게 용돈을 아주 적게 주었기 때문이다. 그녀가 왜 그렇게 했는지는 분명치 않다. 그 당시 그녀의 연간 소득은 700파운드를 이상이었던 것으로 알고 있다. 이 정도면 그녀는 마을에서는 가장 부유한 여성들 중의 한 명이었을 것이다. 그러나 뉴턴의 지출 기록장에서 그녀는 일년에 단지 10파운드만을 주었다고 적혀 있다. 아마도 그녀는 그를 대학으로 보내는 것을 싫어했거나, 다른 이유로 뉴턴이 집안의 가장 의무를 저버린 것에 대하여 그에게 벌을 주기 위한 것이었던 것 같다. 그 효과는 뉴턴을 버림받는 위치로 내몰았다. 다른 준장학생들보다 한 살 많아서, 또 그들과 비교하여 상대적으로 부유한 그의 집안과 학문적 우월성은 그들로부터 분리되었다. 그의 지출에 관한 기록은 그가 그의 지위보다 높게 활동하려고 시도했다는 것을 보여준다. 그는 또한 자비생에게 돈을 빌려주었다고 한다. 이것은 특수한 경우인데, 뉴턴의 기록에서는 그는 동료 장학생이나 준장학생들에게는 돈을 빌려준 적이 없었다.

1) The restoration : 왕정복고 찰스 2세
The reign of Charles in England 1660~1685

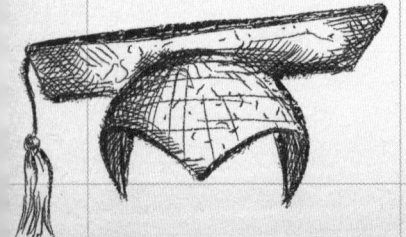

청교도 아래에서 그림에 나타난 것과 같은 사각 대학모는
카톨릭 의식이라서 사라지게 되고 둥근 대학모를 선호했다.
왕정복고[1] 이후 사각모가 대학모로 다시 돌아왔다.

"뉴턴과 나의 아버지 사이의 친밀감은 단순한 사건에 의해 시작되었다. 내 아버지의 첫 번째 기숙사 동료가 그에게 매우 불친절하였을때, 그는 낙담하여 숲 길을 거닐며 쉬고 있었다. 그곳에서 그는 혼자있는 뉴턴을 만난 것이다. 대화하면서 그들이 가지고 있는 현재의 이상한 기숙사 동료를 떨쳐버리자고 동의하면서 친구가 되었다."

– 뉴턴과 존 위킨스의 만남을 설명하는
  위킨스 후손, 니콜라스 위킨스 1728

동료들과 잘 어울리지 못함

뉴턴이 상류 학생들로부터 인정받기 위한 분명한 노력들에도 불구하고, 그 결과는 처참했고 그는 외톨이였다. 1662년에 그가 쓴 속죄 기록들은 "내 수건을 아끼려고 월포드의 수건을 사용한 것, 그의 룸메이트의 학문적 재능을 무시하여서 그가 술에 취하도록 한것" 등은 그가 그의 룸메이트와 사이가 좋지 않았다는 것을 보여준다.

이런 외톨이 환경은, 그가 1663년, 존 위킨스를 유일한 대학과정 중의 친구로 만나면서 나타난 것이다. 이 이야기는 그가 그의 기숙사 동료와 18개월 간이나 즐겁지 못했다는 것을 설명한다. 웨스트폴은 그를 "그랜섬의 냉정하고, 조용하고, 생각이 많은 소년이 캠브리지의 외톨이이며 의기소침한 학자가 되었다."라고 지적했다.

그러나 아마도 그의 시대에도 구제되지 않은 고통은 없었다, 왜냐하면 그의 대학생활에서 그는 주점에 다녔으며, 내기 카드를 하였다는 기록이 나오고 있다. 그의 생활 기록들은 뉴턴은 평범한 여가 생활을 즐겼다고 보인다.

오래된 학교와 새로운 철학

캠브리지는 위대한 대학이었다. 그러나 1660년대 초기에는 학문적으로 수준이 낮았지만, 고전적이고 쇠퇴한 교육과정에 의존하여 오히려 뉴턴에게는 자연철학의 공부에는 도움을 주기보다는 방해가 되었다. 그러나 트리니티의 거대한 도서관과 전향적인 생각의 대학교수들은 젊은 뉴턴에게 새로운 방식의 사고와 거대한 발견이 기대되는 세계로 인도하였다.

2) 스콜라 철학 : 종교교리의 근원을 찾고 신앙과 이성, 의지와 지성, 실재론과 유명론, 신 존재의 증명과 같은 철학문제를 해결하려고 했다.

뉴턴이 캠브리지에 입학한 시기에 이 곳의 역사는 이미 400년이 된 학교였다. 원래 옥스포드 대학교의 분교 형식으로 설립되었다. 엘리자베스 1세와 제임스 1세 아래서 개교하였으며, 캠브리지가 옥스포드를 앞지르기까지 인원은 네 배, 다섯 배씩 증가하였다. 캠브리지는 영국 청교도의 학문적 발전소 역할을 하였다. 그러나 학위가 정부나 종교직에 가기 위한 기본적인 방법들 중의 하나가 되면서, 대학교는 "학위공장"과 같았다.

스콜라 철학 2)

대학이 학습의 장소와 같은 역할을 계속 발전시키도록 계획되지 않는다면, 여전히 문제점은 대부분 중세에서 시작된 구식 교육과정이었다. 그리고 스콜라 철학이라 알려진 중세 학교를 고수하였다. 스콜라 철학은 지식과 진실에 이르는 유일한 길은 순수하고 추상적 근거들을 통해서라는 논리를 가지고 있다. 실험들과 실제 세상에서 일어나는 일을 직접 보아야 한다는 것을 강조하였는데—종합적으로 이것을 현상주의라고 함—이러한 방법을 모욕적이라고 보았다. 그 중에서도 교육과정이 한 학자의 업적, 고대 그리스 철학자 아리스토텔레스에게 초점이 맞추어졌다.

"아리스토텔레스를 읽으면 배움에도 도움을 줄 뿐만 아니라 그리스어 공부에도 도움을 주고, 실제로 다른 학습에도 도움을 줄 수 있다."라고 리차드 홀스워스는 당시 사용되었던 학습 안내서인 그의 대학생활 길잡이에서 밝혔다. 아리스토텔레스는 물질의 성질이 바뀌는 것은 운동 때문이라고 가르쳤다. 예를 들어 돌이 땅으

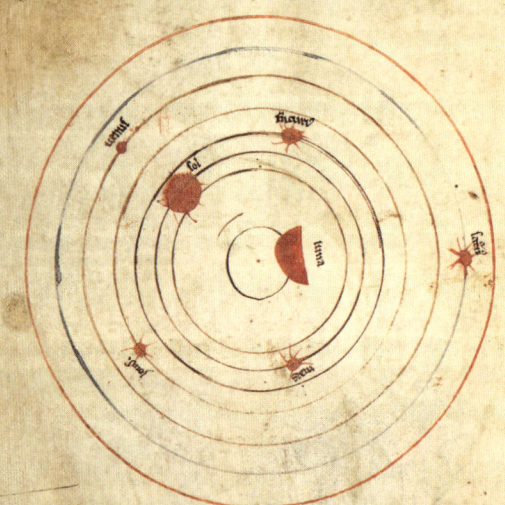

15세기 작품인 톨레미 우주관의 전시물
동심원을 갖는 궤도 중심에 지구가 있고 태양, 달, 행성들이 별들에 의해 둘러싸여 있다. 이 구는 불변한다고 믿었다.

"플라톤은 내친구이다. 아리스토텔레스도 내친구이다. 그러나 내 가장 친한 친구는 진리이다."

– 뉴턴의 노트에 인용된 아리토텔레스의 문구 "플라톤은 내 친구이다. 그러나 더 친한 친구는 진리이다.",
　뉴턴은 오래된 아리스토텔레스에 집착하고 있는 스콜라 철학을 대체하는 새로운 철학 정신의 탐구에
　대하여 지적했다.

로 떨어질 때, 아이가 어른으로 자랄 때, 물이 불에서 끓을 때, 심지어 과일이 익을 때 또는 진흙 모형이 도기로 바뀔 때라고 말했다. 그는 강력하게 주장하였다. "모든 움직이는 물체는 무엇인가에 의해 움직인 것이다." 모든 움직임은 출발점과 처음 운동을 찾을 수 있다. 기독교 신학은 이 철학을 빌려와서 신의 존재 증거로 사용하였다. 그러나 아리스토텔레스 철학은 운동의 실제 과학을 위한 공간은 존재하지 않았다. 이것을 속력과 가속도와 같은 질과 양의 물리 수치를 측정하려는 시도를 부정하거나 무시하였다. 스콜라 계에서도 고대 철학자 프톨레미로부터 발달된 아리스토텔레스식 우주론을 교리로 받들었다. 지구가 우주의 중심이고 천국은 본질적으로 불변하며 수정으로 된 구의 중심에 위치한다고 생각했다.

새로운 세계

　　다른 대학생들과 마찬가지로 뉴턴도 중세 교육과정의 공부에 착수하였으며, 그가 아리스토텔레스에 관해서 새 노트에 기록해 나갔다. 그러나 그가 캠브리지에 도착하기 전에 그는 기존의 교리에 도전하는 새로운 철학을 배우기 시작했다. 뉴턴은 코페르니쿠스, 케플러, 베이컨, 갈릴레오와 데카르트의 글들을 읽을 수 있었다. 코페르니쿠스는 태양중심 체계(태양을 중심으로 행성들이 공전하는 체계—지동설)를 발전시켰고, 케플러는 행성들의 타원 궤도의 공전을 묘사하기 위해 수학을 적용하였다. 갈릴레오는 실험과 천문 관측을 수행하며, 스콜라 철학의 교리에 도전하는 강력한 증거들을 찾아냈다. 위대한 프랑스 철학자 르네 데카르트는 힘과 운동의 관계(역학)로 깔끔하게 설명될 수 있는 우주 역학의 개념을 진보시켰다. 그리고 엘리자베스 여왕 시대의 현인 프란시스 베이컨3) 경은 관찰을 통해서 원리나 법칙을 유도하는 과학지식의 탐구에서 귀납적 추론을 적용하도록 강조했다. 이러한 학자들로부터, 새로운 철학4)의 불꽃이 뉴턴에게 전해졌으며, 그의 손에서 전보다 더 밝게 타올랐다.

3) 프랜시스 베이컨
(Francis Bacon, 1561~1626)
종래의 스콜라적 편견인 '우상'을 배척하고 새로운 과학과 기술의 진보에 어울리는 새로운 인식 방법을 제시함. 실험에 기초한 귀납법적 연구 방법을 주장했다. 그는 바른 지식을 갖기 위해서는 경험과 관찰을 중히 여기는 경험론이 필요하다고 생각하였다.

4) 철학 : 인간이 살아가는 데 있어 중요한 인생관, 세계관 따위를 탐구하는 학문. 원래 진리 인식(眞理認識)의 학문 일반을 가리켰으나, 중세에는 종교가, 근세에는 과학이 독립하였다. 형이상학, 논리학, 윤리학, 미학 등의 하위 부문이 있다.

고정된 우주관의 톨레미(Ptolemy)5) 정신의 스콜라 철학에 위배되는 혜성의 운동과 같은 현상이 나타났다.

5) 톨레미(Ptolemy) : 고대 그리스의 천문학자, 지리학자. 2세기 중기의 사람으로 천동설에 근거를 둔 수리 천문서 [알마게스트]를 저술하였다. '프톨레마이오스(Ptolemaeos, Claudios)'의 영어 이름이다.

확실한 철학 질문들

뉴턴의 과학에 대한 첫 발은 그의 노트에 연속적인 질문들의 형태로 써내려간 것으로 시작했다. 첫 해 그는 노트를 사서 아리스토텔레스의 논리와 윤리를 노트의 처음과 마지막 장에 썼다. 둘째 해에 그는 노트의 중간 부분에 "중요한 철학 문제들"이라는 제목으로 기록했다.

뉴턴의 강점은 문제를 접근하는 체계적인 방법이었다. 그는 종종 같은 방법으로 시작했다. 알려진 내용을 똑같은 방법으로 재현하면서 연구하고 이 정보에 대하여 제기되는 문제 또는 다른 것들을 기록하였다. 그의 초기 노트(철학 노트)에서는 자연철학의 지식에서 요약된 45개의 제목을 검증하기 위한 신·구 철학 모두를 읽고 사용한 것이 나타난다. 이 제목들은 새로운 자연철학을 위한 연구 방법과 자연에서 가장 기본적인 문제들을 검증하기 위한 계획들로 이루어졌다.

원자들과 우주

뉴턴은 이렇게 시작했다. "첫 번째 물질의 것, 원자로부터" 물질은 무엇으로 이루어졌는가? 이 것의 본질은? "수학적인 점들인가? 또는 수학적 점과 부분들인가? 또는 구분되지 않는 독립체, 또는 개체가 원자들인가? 이것은 고대 그리스에서 시작된 논쟁이었다. 데모크리토스가 원자설을 진보시켰다. 아리스토텔레스는 75년이 지나도록 경쟁되는 설을 이기고 모든 물질은 네 가지 절대 원소들로 이루어졌고, 이것이 뉴턴의 시대까지 정교회가 받들어온 학설이었다. 비슷한 학설이 중력을 설명하였다. 이것은 공기와 불의 특성으로 물과 땅위에 뜨는 것을 설명하였다. 이것에 따르면 사과가 땅에 떨어지는 것은 사과의 물/지구의 본성이 작용하여 이것의 자연적인 위치를 그 순서에 맞추어 찾는 과정에서 나타난 것으로 설명한다.

그러나 뉴턴의 추론은 그를 다른 결론으로 이끌었다. "이것은 존재하기 때문에 첫번째 물질은 원자이다.", 그는 그리고 "그 물질은 식별하기 어려울 정도로 너무 작을지도 모른다."라고 말했다. 여기서 그는 중요한 생각을 꺼냈다. 원자는 매우 작은 물질이다. 그러나 무한대로 작은 것은 아니고 없는 것도 아니다. 이 개념은 후에 뉴턴이 미적분학을 만들 때 유용하게 쓰였다.

"시간 또는 운동의"라는 제목 아래에서 그는 단순하게 "물과 모래에 의해 가는 시계로 표현하였다." "운동의"라는 제목은 그가 운동의 기본 요소가 무엇인지를 찾는데 노력하였다. 여기서부터 뉴턴은 "성간물질과 천체의 궤도"를 생각하기 시작했다.

"무엇도 물질의 구성하는 작은 것보다 더 작게 쪼개질 수 없다. 그러나 (한정된) 물질이 무한정으로 작은 부분으로 구성될 수도 없다."

– 뉴턴, 철학 노트로부터

데카르트의 역학적 철학

이것은 그를 프랑스 철학자 데카르트의 이론과 그리고 그의 중대한 영향력 있는 역학적 철학에 관한 쟁점으로 이끌었다. 데카르트에 따르면 우주에는 진공이란 존재하지 않는다. 모든 빈 공간은 물질들로 이루어졌으며 대부분은 눈에 보이지 않는 물질 에테르로 이루어졌다. 거대한 물체들, 행성들은 에테르 사이를 지나다니면서 회전하는 소용돌이를 만들어 내고 이 원리는 물 위를 지나가는 보트와 비슷하다. 이런 소용돌이는 다음 단계로 에너지와 힘을 다른 물체들에게 전달한다. 그리고 이것이 물체들이 서로 접촉하지 않는 상태에서 서로에게 영향을 주는 원인을 설명한다. 그래서 우주의 모든 물질과 힘은 역학적으로 서로 상호작용을 하고, 떨어져 있는 물체들이 힘들이 서로 작용하며 영향력을 주는 상황을 보면서 먼 거리에서 작용하는 신비스럽고 또는 초자연적 개념을 찾지 않아도 되었다.

뉴턴의 노트에서 데카르트의 "충돌 물리"모델을 중요하게 다루었다. 이것이 과연 행성과 혜성들의 운동을 설명할 수 있을까? 그 밖의 다른 것들, 정의가 변하고 숙고했던 단어들은 철학 논쟁에서 점점 증가하는 흐름이었다. "중력" 그리고 대포의 포탄은 무슨 종류의 힘이 공기를 가르고 날아갈 수 있도록 하는가에 대해 논의했다. 그는 이러한 모든 문제들을 종합적으로 설명하는 방법을 찾고 있었다.

르네 데카르트(1596~1650)
"현대 철학의 아버지", 스콜라 철학 정교회에 대한 그의 비판적 도전들은 새로운 세대의 철학자들을 위한 길을 닦았다.

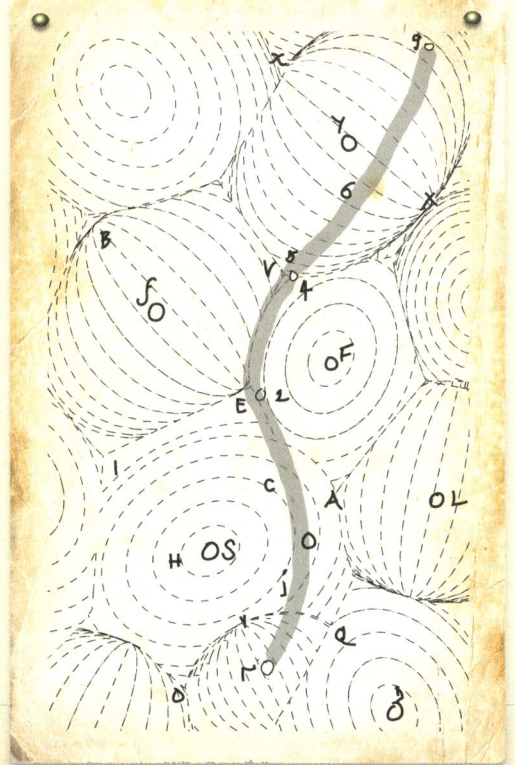

우주 공간에 대한 데카르트철학파의 개념, 에테르 속에서 소용돌이가 있으며 그래서 진정한 진공은 없으며, 접촉을 통해서만 힘들이 전달된다.—가끔 "충돌 물리학"모델로 알려져 있다.

빛에 관한 질문

"뉴턴은 스타워브리지 시장에서 프리즘을 샀는데 이것은 데카르트의 색깔에 관한 책에서 나오는 실험들을 시도하기 위해서였다."라고 현대 실험 과학의 시작을 기록했다. 뉴턴이 산 프리즘은 원래 장난감이었다. 작은 삼각형 모양의 유리는 그의 관심을 끌었다. 뉴턴은 권위에 도전하기도 하며 데카르트의 말을 믿지 않고 그러나 진실로 향하는 혁신적인 새로운 길을 찾으려고 했다.

스타워브리지 시장은 캠브리지의 외곽이자 펜즈에서 동부로 시작되는 수로의 맨 끝에 위치한 지역에서 열리는 영국에서 가장 큰 마을 시장이다. 어떤 집필자는 "인간의 모든 물건이 모인 추상적인 시장"이라고 표현했다. 뉴턴은 이곳을 1664년에 방문하고 그의 프리즘과 약간의 책을 샀다. 그는 바로 새로운 학습에 심취해 빠졌다. 그러나 데카르트 철학이 수세기의 스콜라 철학의 교리를 도전하고 있었다. 그래서 뉴턴은 프랑스인의 권위에 도전할 준비가 되어있었다. 데카르트가 숙고한 세계와 이것을 설명하기 위해 그의 논리와 지식적 힘의 바탕위에 세운 가설들을, 뉴턴은 그것을 직접 자신이 증명하기 전까지는 어느 것도 진실로 받아들이지 않았다. 이 모든 것들 중에서 실험을 가장 중요한 것으로 인식했다.

"철학"이라는 제목으로 그의 노트에서 설명하였다.

"물의 본성은 모든 판단들로부터 찾는 것보다는 사물의 움직임에 따른 그 다음 움직임으로부터 아주 비밀스럽고 자연스럽게 추론된다. 그리고 과거의 실험들로부터 사물의 본성을 발견할 때쯤, 우리는 판단력의 본성을 정확하게 찾을 수도 있다." 다른 말로 표현하면, 철학자는 단순하게 책상에 앉을 수 없고 그가 알고 있다고 가르친 것들에 의한 그의 이론을 근거로 사용하여야 한다. 사물들의 본성을 발견하기 위한 "더욱 안전하고" 최상의 방법은 "한 움직임에 이어지는 그들의 작동들"을 관찰하여야 한다. 이 말은 실험들을 재현하는 것을 의미한다.

데카르트의 회의론

데카르트가 뉴턴에게 가장 큰 영향력을 준 유산들 중의 하나는 그의 인식론(조사 방법론)이다. 그는 스콜라 철학의 결론이 옳기 위해서는 전제가 진실이어야 한다는 삼단논법 추론에 도전하였다. 데카르트는 전제가 틀린 판단들에 의존될 때, 그것들은 믿는 것이지 아는 것이 아니다. 따라서 삼단논법 추론은 틀릴 수가 있다. 그는 기하학을 인식론적 진실의 원천으로 적용했다.

빛과 색

데카르트는 빛과 색에 관한 이론을 발표했다. 빛은 투명한 에테르 공간의 압력의 한 형태라고 말했다. 한 사물은 보이는 것은 에테르에서의 소용돌이가 "빛 압력"을 물체로부터 사람의 눈으로 전달시켰기 때문이다. 뉴턴은 데카르트로부터 그 구절을 베끼기 시작하였다. 그러나 이것들은 다수의 반대 의견들이 뒤이어졌으며, 그 위대한 학자의 이론은 빠르게 사라져 갔다. "빛은 압력에 의해 생성되지 않는다. 그렇지 않다면 밤에도 낮처럼 또는 더 잘 볼 수 있어야 한다. 우리는 우리자신의 밝은 빛을 보아야 한다. 왜냐하면 우리는 아래쪽으로 압력을 받기 때문에 그리고 가거나 달리는 사람들도 밤에 잘 보여야 한다." 일식은 불가능할 것이다. 그는 데카르트의 이론에서 에테르는 모든 물체들, 심지어 행성들 사이로 방해 없이 흘러갈 정도로

"To know how swift light is. Set a broad well polished looking glass on a high steeple so that with a Telescope 1, 2, 3, 10, or 20 miles off you may see your self in it & having by you a great candle in the night cover it & uncover it & observe how long tis before you see the [light go out]."

뉴턴은 빛의 속력을 측정하기 위한 생각들을 적었다. 이것을 위해서는 거울로 부터 매우 먼 거리와 거대한 초가 있어야 한다.

매끄러워야 하기 때문이다. 이것은 빛 조차도 행성들을 뚫고 지나갈 수 있다는 것을 의미하기도 한다. 그는 데카르트 이론으로부터 따라오는 다른 결과들에 의해 침묵했었다. 빛의 광선들은 물체를 바람이 풍차를 돌리듯 움직이지 못할 것이다. 그는 처음으로 과학적인 돌파구를 찾았다. 아리스토텔레스에 의하면, 색깔은 암흑과 빛에 의한 합성의 결과라고 말했다. 그러나 만약 그렇다면 뉴턴은 다음과 같이 추론했다. "흰 종이 위에 검은색 펜으로 그린 그림들은 색깔이 나타나거나 멀리서 색으로 보일 것이다." 그러나 현실은 검은색과 흰색의 합성으로부터 어떤 색깔도 생성되지 않는다고 제기된다. 기존의 이론들은 완벽하게 일치하지 않았다. 필요한 것은 새로운 학설이었으나, 가정에 의한 것이 아닌 실험과 관찰에 근거한 것이어야 했다.

매끄러운 빛 입자들의 광선은 에테르를 통과해서 전달된다.

물질적인 뇌와 무형의 마음은 송과선으로 연결되어 있다.

의식은 송과선(내분비 기관)으로 팔을 움직이라고 명령을 내린다.

데카르트는 시각은 빛 입자가 사물을 떠나서 눈으로 들어오기 때문이고 압력이 송과선으로 전달되기 때문이라고 주장했다.

광학 실험들

뉴턴은 스타워브리지 시장에서 사온 프리즘을 사용하여 그의 방에서 간단한 실험을 하였다. 그는 데카르트와 다른 자료로부터 한 물질로부터 다른 물질(예를 들어 공기에서 유리)로 통과할 때, 빛은 굴절(꺾이거나 방향이 바뀌는)한다고 또 프리즘을 통과하면서 무지개 빛을 나타내면서 굴절된다는 것을 알고 있었다. "매우 즐거운 오락활동"이라고 뉴턴을 말했다, 그러나 그는 곧 바로 "오락물"을 빛의 색에 따른 굴절이라는 새로운 이론으로 만들어 냈다.

프리즘에 의해 만들어진 스펙트럼의 색들은 뉴턴에게 백색광이 다른 색의 빛으로 나누어진다는 것을 보여주었다. 그가 스펙트럼을 보면서 그는 파란 빛은 스펙트럼의 끝에서 분명하게 꺾이거나 또는 반대편의 붉은 빛보다 더 굴절되는 것을 관찰할 수 있었다. 그는 사물의 색은 이 물체가 어떤 색깔의 빛을 흡수하고 반사시키는가에 달려있다는 것을 판단할 수 있었다. 그는 그의 철학 노트에 다음과 같이 적었다.

"이런 이유로 적색과 노란색들이 나타나는 사물들은 물체속에서 속력이 느린 광선(청색계열)들이 물체속에서 멈추고 빠른 광선(적색계열)들은 움직임의 방해가 없기 때문에 나타나며, 청록과 보라색이 나타나는 것은 빠른 광선(적색계열)의 움직임에 따라 사라져 버렸고 느린 광선(청색계열)은 사라지지 않았기 때문이다.

그가 느리고 빠르고를 얘기할 때, 그는 더 많이 또는 적게 굴절되는 것을 의미했다(빛이 물질을 통과할 때는 색깔에 따라 빛의 속력이 다르며,. 푸른 빛은 속력이 느려지고 굴절이 많이 된다). 그래서 푸른색 빛은 느리고 붉은 빛은 빠르다. 그래서 물체가 느린 푸른 빛을 흡수한다(멈춘다). 그러나 빠른 붉은 빛을 굴절시키(방해하지 않고)면서, 이 물체는 붉게 보인다. 다른 물질들은 다른 색의 광선 스펙트럼을 반사하거나 흡수한다. 그리고 이것이 그 물체의 색으로 나타난다라고 주장했다. 오늘날 "물리적 색"으로 알려진 것에 대한 옳은 설명으로 인정받고 있다.

과학 때문에 장님이 된다

뉴턴은 광학 연구에 더 깊이 빠졌다. 실험을 향한 그의 강렬한 열정은 그의 모든 집중이 얼마나 쉽게 강박관념과 광기에 가깝도록 변할 수 있는지를 보여주었다. "깃털이나 검은 리본을 나의 눈과 태양 사이에 놓으면 아름다운 색깔들을 만든다(매우 가깝게 들어선 깃털은 회절 격자와 같은 역할을 한다).", 그러나 나중에 그것들은 위험해 진다.

"나의 상상과 태양이 나의 시각 신경에서 같은 작동을 하고 그리고 같은 움직임들은 나의 뇌에 의해 동시에 작동되는 움직임인지에 대한 호기심을 가졌고, 그는 모든 학생들이 하지

깃털의 작은 가지들은 회전 격자와 같은 작용을 한다.
빛의 파동이 깃털 가지들 주변에서 서로 간섭받아서 회절하고 파장이 보강되거나 상쇄된다.
그리고 빛과 어둠의 띠들을 만든다.

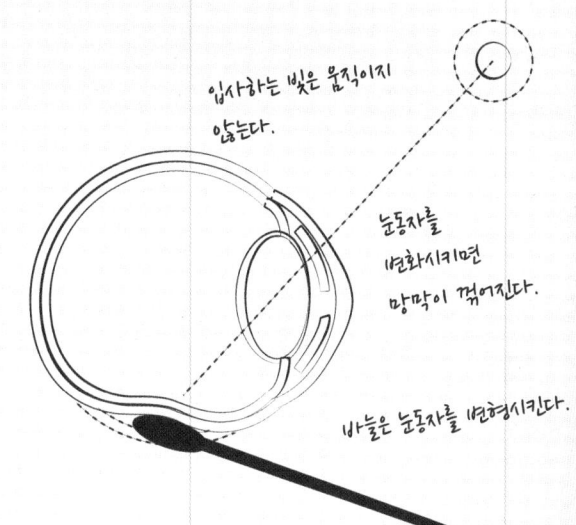

입사하는 빛은 움직이지 않는다.

눈동자를 변화시키면 망막이 꺾어진다.

바늘은 눈동자를 변형시킨다.

너무 위험한 실험?

1년 뒤에는 그는 더 위험한 실험을 하였다. 눈동자에 압력을 가해서 색의 감지에 영향을 주는가를 실험하려고 시도하였고, 바늘(작고 얇은 물체)을 넣었다. "내 눈과 뼈 사이에 내눈의 뒷면으로 넣었다. 여러 흰색, 어두운, 그리고 색을 가진 원들이 나타났고 어떤 원이 가장 납작한지 그는 눈을 바늘 끝으로 문질렀다.

"나는 삼각형 유리 프리즘을 구해서 빛의 색에 관한 신비한 현상들을 실험했다. 그리고 방을 어둡게 하고, 창문의 작은 구멍이 햇빛의 적당한 양을 통과시킬 때, 나는 나의 프리즘을 빛의 통로에 놓고, 반대편 벽에 빛이 굴절되는 것을 관찰하였다. 처음 보았을 때 이것은 매우 경이로운 오락이었고, 선명하고 강렬한 색깔이 만들어지는 것을 관찰할 수 있었다."

– 뉴턴이 헨리 올든버크에게(왕립학회 회원)에게

말아야 한다고 생각하는 것을 했다. 그는 나중에 철학자 존 로크라는 친구에게 일어난 사건을 설명하였다.

"나는 태양을 유리창과 나의 오른쪽 눈을 통해 매우 조금씩 바라봤다. 그리고 나서 나의 눈들을 내 방의 어두운 구석을 응시하였다. 그리고 그 인상적인 것을 관찰하기 위해 눈을 깜박였다. 이것을 두 번, 세 번 반복하고 나서 지금 몇 시간이 흘러서 양 눈으로 밝지 않은 물체를 눈으로 바라보았다. 그러나 나는 앞에 있는 태양을 보았다. 그 결과 나는 쓰거나 읽지 못하고 나의 시력을 회복하기 위하여 나의 눈을 감고 방 안에서 삼일 동안 태양으로부터 나의 상상력을 바꾸기 위한 모든 방법을 사용했다."

수학 교육

캠브리지의 교육과정이 비록 수학을 비중있게 다루지 못했지만, 학생들에게는 유럽에서 일어나고 있는 흥미로운 발전들 속으로 뛰어들도록 할 수 있었다. 뉴턴이 입학후 단지 1년 만에 수학분야의 석좌교수 제도가 만들어졌다. 1664년에 첫 번째 현역, 아이작 베로우 교수가 되었으며, 강의를 했다. 뉴턴은 그 당시 그의 수학분야의 특강을 듣고 있었다. 18개월도 안되어서 그는 서양인에게 알려진 수학의 모든 내용을 습득했다.

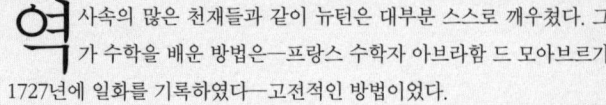

역사속의 많은 천재들과 같이 뉴턴은 대부분 스스로 깨우쳤다. 그가 수학을 배운 방법은—프랑스 수학자 아브라함 드 모아브르가 1727년에 일화를 기록하였다—고전적인 방법이었다.

1663년에 뉴턴은 스타워브리지 시장에서 천문학 책 샀다. 그는 이 책의 천체의 구조에 대하여 삼각법으로 이해할 수 있을 때까지 읽었으며 이해가 되지 않아 다른 삼각법에 관한 책을 샀다. 그러나 그 현상들을 이해할 수 없었다. 삼각법의 기초를 이해하기 위하여 유클리드를 배웠다. 수학 명제의 제목들만 읽으면서, 그는 다른 사람들이 수학 정리를 하면서 그들 자신이 얼마나 즐거워 했을까를 궁금해 하면서 책의 내용을 쉽게 이해해 나갔다. 존 콘듀이트가 소개한 뉴턴의 한 일화는 다음과 같다.

"그가 데카르트의 기하학 책을 사서 스스로 읽었다. 2~3페이지 읽었을 때, 더 이상 이해할 수 없었고 그는 다음 어려운 내용의 3~4페이지 까지 읽었다. 그리고 그는 그 자신이 남의 가르침 없이도 그 부분을 완벽하게 통달할 때까지 다시 읽고 더 공부했다."

무관심한 의견

드 무브르는 "뉴턴은 유클리드의 업적을 하찮은 것으로 치부하였다…"라며 "기하학의 아버지"로 알려진 학자에게 갑작스런 해고를 내리는 것처럼 평가했다고 논평했다. 그의 유클리드에 대한 무시는 1664년에 그에게 부메랑이 되어 돌아왔는데, 그가 학부생 연구위원으로 인정받기 위해서 필요한 시험 통과증을 기다릴 때였다. 다음 해에 예술 석사 학위를 위한 준비 과정에서 뉴턴의 진로에 도움을 주지 못했다는 것으로 주목을 받은 뉴턴의 지도교수, 벤자민 풀린은 젊은 뉴턴이 정식 교육과정보다 수학에 더욱 관심이 많다는 것을 알고 뉴턴을 평가하기 위한 적합한 사람을 수학과 석좌교수, 아이작 베로우로 결정하였다. 베로우는 정당하게 뉴턴에게 베로우가 생각했던 가장 기본적인 소재에 대해서 물어봤다. 그 결과는 젊은 뉴턴에게 대학 경력에 절망적인 결과로 나타났다. 콘듀이트는 다음 이야기를 연관시켰다. "뉴턴이 대학 연구원이 되려고 지원했을 때, 그의 지

"박사님은 뉴턴이 무시해오고 약간 알거나 또는 거의 모르는 유클리드에 대해서 검사하였다. 그리고 뉴턴이 해박하게 알고 있는 데카르트 기하학에 대해서는 물어보지 않았다."

– 존 콘듀이트

도교수는 그를 베로우 교수에게 보냈다. 그 뒤 수학과 교수들이
평가받을 때, 베로우 박사는 그토록 뉴턴이 무시하고 잘 모
르는 유클리드에 대해서 질문하고, 뉴턴이 잘 아는 데카
르트의 기하학에 대해서는 전혀 질문하지 않았다. 뉴턴
은 너무 겸손해서 그런 사실을 말하지도 못했고, 베로
우 박사는 "유클리드를 이해하지 않고 그 책을 읽었다
는 것을 상상하지 못했을 것이다." 라며 베로우 박사는
그에 대한 중립적인 의견을 가졌다. 그리고 뉴턴은 학교
위원회의 학자가 되었다.

아이작 베로우
캠브리지의 수학과
초대 석좌교수

고위 자리에 있는 친구들

　　뉴턴은 어떻게 이와 같은 "중립적인 견해"를 극복했을까?

　　콘듀이트는 설명하지 않았지만, 뉴턴쪽 학자들은 험프리 바빙턴의 관
계를 알고 있었다. 바빙턴은 대학의 원로교수로 찰스 왕의 은총을 받고 있
다고 알려졌기 때문에 대학 내에 큰 힘을 발휘할 수 있었다. 웨스트폴이 지
적했다. "4년 전에 레버렌드 윌리엄 아이스코프와 스토크씨는 뉴턴을 시
골 변방으로부터 구해냈다. 1664년 4월에 누군가가 그와 같은 역할을 하
였는데, 험프리 바빙턴이 그런 역할을 했을거라고 추측된다."

　　1699년에 뉴턴은 그가 얼마나 빠르게 일을 했는지 보여주기 위해, 무
엇이 일어났는 지에 대한 간결한 정리를 내렸다.

　　"1663년과 1644년, 캠브리지에서의 나의 소비 때문에 금전문제를 상
의하면서, 나는 1664년에 스쿠텐의 논문집과 데카르트의 기하학(이 기
하학책과 오트레드의 열쇠를 반년전에 읽었다.) 그리고 윌리스의 작품
집을 빌리고 그 결과로 스쿠텐과 윌리스로부터의 주석들을 1664년 겨울
에 만들었다.

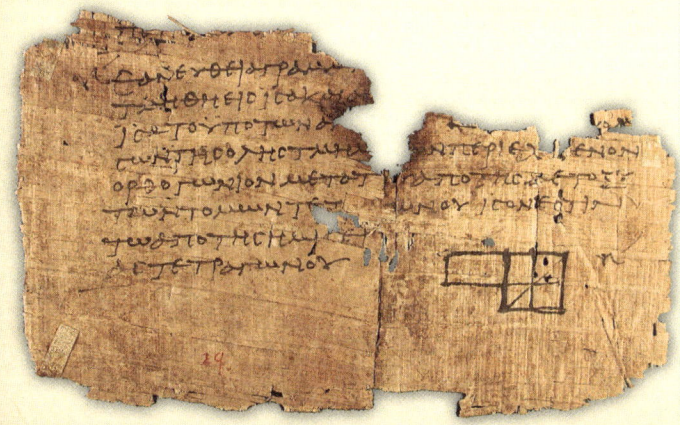

"보통의 기계수리공은
그가 가르쳤던 것 또는
본 것을 연습할 수 있다.
그러나 그가 문제가
생기면 그는 이 원인을
찾지 못하며 고칠 수
없다. 그리고 네가 그를
길 밖으로 내놓으면,
그는 그 장소에 서 있을
것이다. 그는 재치있고
현명하게 물체, 힘,
운동에 대하여 추론할
수 있기 때문에 그는
모든 문제점을 극복할
때까지 결코 쉬지
않았다."

유클리드 원소들의 부분
이 작품의 작가이자 수학자인 유클리드를
뉴턴은 하찮은 인물로 평가했다.

CHAPTER THREE

흑사병과 교수 임용

흑사병

1664년 겨울, 혜성이 밤하늘을 가로질렀다. 뉴턴과 자연 철학자들에게 이것은 흥미있는 과학 사건이었지만, 다른 대다수의 시민들에게는 잔인한 죽음의 징조로 흑사병을 예고했다. 뉴턴은 울즈소프에 안식처를 구하고, 우주에 대한 생각들을 가지고 기적의 한해를 보냈다.

1665년 어느날 유럽대륙 또는 지중해로부터 배 한척이 런던에 닻을 내렸다. 이 배 안에는 쥐와 벼룩 그리고 이것들의 몸에는 전염성 림프절 페스트 세균이 있었다. 사람들은 급속도로 죽기 시작했다. 수도와 나라 안에 소문과 두려움이 퍼져나갔다. 울즈소프에 있는 어머니는 뉴턴에게 걱정이 담긴 편지를 썼다. 그녀의 편지는 파손되고 단어가 빠진 대충 쓴 글이었지만, 뉴턴의 초기 삶에서 나온 유물로 사랑스런 모자의 관계를 보여준다.

> 아이작
> 너의 편지를 받고 네 소식을 듣는다.
> 내 편지와 너의 옷을 보내고
> 너의 여동생들의 안부를 전한다.
> 너를 사랑하고 신께 기도드리고 있다.
>   너의 사랑스런 엄마,
>
> — 한나, 울즈소프, 5월 6일 1665년

며칠 전 사무엘 페피스는 그의 일기에 적었다. "도시에 질병으로 거대한 공포가 생겼다. 두 세집이 벌써 문을 닫았고, 수 주 안에 질병은 마구 퍼져나갔고, 결과적으로 7만명의 런던사람이 죽었다. 수도 런던을 제외한 나라 전체의 피해는 상대적으로 작았다. 그 이유는 외곽지역에서는 초기부터 강력한 법안이 적용되어 3만명의 사람이 목숨을 잃었다.

캠브리지는 상점을 닫았다. 스토어브리지 축제도 1665년과 1666년에 취소되었다. 엄중한 정책이 효과적임이 증명되었다. "흑사병 법안"이 실시된 6월 5일부터 다음해 1월 1일까지는 상대적으로 피해가 적었다. 단지 749명이 죽고 370명이 걸렸지만 살아났다. 일부 대학들은 다치지 않고 잘 피한 것처럼 보였다. 아마도 많은 수의 학생들과 교수들이 집에 갔기 때문이었으리라 여겨지며, 그 중에 22살의 뉴턴도 포함되었다.

17세기의 일기 작가 사무엘 페피스
흑사병 기간 동안 런던에 남았다.
그는 후에 왕립협회의 회장으로 일했다

"모든 일들이 1665년과 1666년 두 해에 이뤄졌다. 그 당시 나는 내 생애의 가장 거대한 발명에 몰두하고 있었다. 그리고 수학과 철학에 내 인생에서 가장 많은 시간을 할애했다."

놀라운 해

늦은 6월 또는 이른 7월에 뉴턴은 울즈소프에 있는 집으로 돌아 왔다. 어머니 한나는 이때쯤 자신의 아들이 농부로는 적합치 않다는 것을 받아들였다. 그 자신을 방해없이 수학과 철학 생각에 잠기기 위해서 모든 시간을 쓰는 것이 적합하다고 믿었다. 후에 사람들이 그에게 어떻게 과학적 돌파구를 만들었는가를 물어 보았을때, 뉴턴은 다음과 같이 설명했다. "나는 그 물체를 내 앞에 놓고 첫번째 새벽이 천천히 열릴 때까지 아주 조금씩, 빛이 선명하게 들어설 때까지 지속적으로 봅니다." 이런 종류의 문제에 대한 외골수적인 접근은 천재의 전형적인 특징이고 많은 과학적인 돌파구의 열쇠였다. 뉴턴 스스로도 나중에 "진실은 침묵과 명상의 자손이다."라고 말했다. 이런 사고 활동의 결과는 지적 생산성이 높은 기간을 제공했다. 이것은 그의 놀라운 해에 약 18~24개월간의 생활에서 나타난 것으로 전설로 기록되고 있다.

쓸모 없는 책을 시작하다

뉴턴은 여전히 그의 양아버지(바르나바스 스미스)로부터 물려받은 빈 종이로 묶여있는 큰 노트를 가지고 있었다. 그는 이 책을 "쓸모 없는 책"이라고 불렀다. 그가 기하학, 대수, 그리고 현재의 수학 문제보다는 위대한 문제들—곡선의 수학, 곡선의 기울기를 만드는 방법, 곡선 아래의 면적 등—을 기록하고 만들기 시작하면서 이 노트를 사용하였다. 곡선들은 움직이는 물체의 운동과 성질을 표현한다. 그리고 힘, 가속도 그리고 무엇보다도 행성들의 운동과 같은 운동하는 물체를 다루거나 계산할 수 있게 한다.

뉴턴의 업적

과학 역사가들은 뉴턴이 짧은 기간에 많은 성과물을 만든것에 대하여 놀라움을 표시한다. 뉴턴 수학에 관해 뛰어난 전문가인 화이트 사이드에 따르면 "17세기에 어느 누구도 뉴턴과 같은 거대한 수학 관련 전문 지식을 그렇게 짧은 시간에 많이 발견하거나 만들지 못했다."라고 했으며, 다른 뉴턴 학자인 데렉 예르첸은 "놀라울 정도로 짧은 기간에 겨우 24살의 학생이 근대 수학, 역학, 그리고 광학을 발견했다. 사고의 역사상 아주 오래전이라도 이와 비슷했던 경우는 없었다."라고 표현했다.

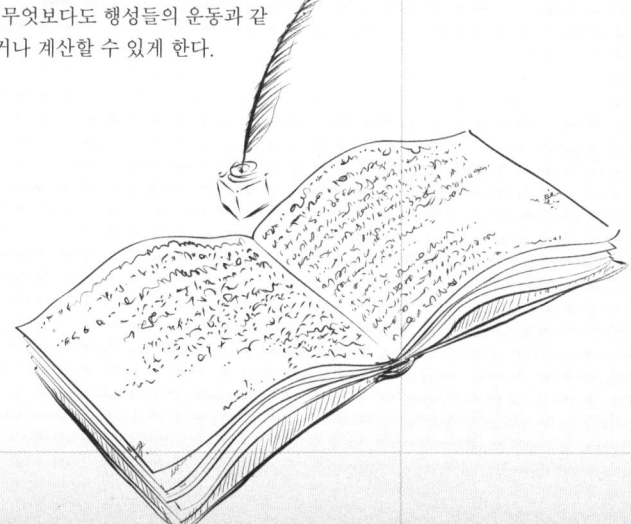

미적분학의 발명

미적분학은 곡선을 다룰때 사용하는 수학적 도구이다. 곡선의 기울기를 계산할 때 그리고 곡선 아래의 면적을 계산할 때 사용하였다. 이런 기술은 고대 그리스의 것과 유럽의 위대한 학자들이 연습하던 것을 뛰어 넘는 것이었으며 뉴턴은 1665~6년에 그 문제에 관심을 보였다. 이 분야에서의 그의 독창적인 발견은 그의 불멸의 이름을 보장해 주었다.

공기중으로 던진 볼에 의한 곡선 또는 태양 주변을 돌고 있는 행성들을 표현하는 곡선들은 수학자들에게 위대한 관심거리였다. 대수의 체계를 다루는 것은 중세의 이슬람 학자에 의해 발전되었다. 데카르트는 대수 용어(x, y)를 활용하여 기하학적 모양을 설명하기 위한 방법을 보여주었고, 데카르트 좌표라고 알려진 것과 그들이 x, y와 그래프를 이용하여 그린 방법을 보여주었다. 직선의 그래프는 계산하기 쉬운 특성을 가졌다.

바빌로니아 시대 때부터 알려진 공식은 직선 아래의 면적을 계산할 수 있었다. 이 기울기(직선의 경사에 의해 나타나는 변화율)는 y좌표의 값을 관련된 x좌표의 변화로 나눈 값이다. 그러나 곡선에서는 이러한 값들을 계산하기가 더욱 어렵다. 뉴턴 이전의 수학자들은 이것을 하기 위한 한가지 방법으로 근사치를 계산하는 것이라고 깨달았다. 곡선을 연속되는 직선들로, 그리고 곡선 아래의 면적은 연속된 사각형들과 삼각형으로 계산한다. 많거나 작은 사각형들과 삼각형들을 사용하여 더 정확한 근사값을 구할 수 있다, 그러나 이것은 여전히 근사값일 뿐이다.

곡선을 사각형 만들기

뉴턴은 울즈소프에 도착하기 전에 이 문제에 대하여 도전을 시작하였다. 1665년 2월에 그는 여전히 대학교 3학년이었다. 그는 프랑스 수학자 페르마와 그의 교수 베로우, 둘 다 특정 곡선을 위한 공식을 설명하였다는 것을 알았다. 그는 이것들을 모든 곡선에 일반화하여 사용할 수 있는가를 궁금해하기 시작하였다. "나는 페르마의 접선을 그리는 방법으로부터 이 방법에 대한 힌트를 얻었고 이것을 이론적 공식들에 직접으로 그리고 역전시켜 적용하면서 힌트를 가졌다. 나는 이것을 일반화시켰다."라고 그는 나중에 밝혔다.

이 문제에 대한 열쇠는 무한 급수를 사용할 수 있는 그의 능력이었다. 뉴턴은 이것을 깨달았다. 무한대까지 더하기 대신에 무한 급수와 관련된 합이 유한의 목표나 한계값과 비슷하다는 것을 깨달았다. 그리고 이것을 사용하여 곡선을 사각형으로 구할 수 있었다.—효과적으로 무한 수를 사용하고 작은 사각형들을 곡선 아래 면적에 주어서 구했다. 이것으로부터 그는 "구부러진 선들을 사각형 만들기로 활용한 방법" 오늘날 이 방법을 '적분'이라고 한다.

원운동 중에서 가장 유명한 문제의 예는 행성의 궤도였다. (케플러는 그들의 궤도가 실제로 타원형이라는 것을 보여주었다.)

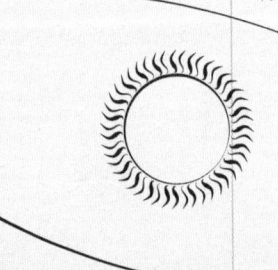

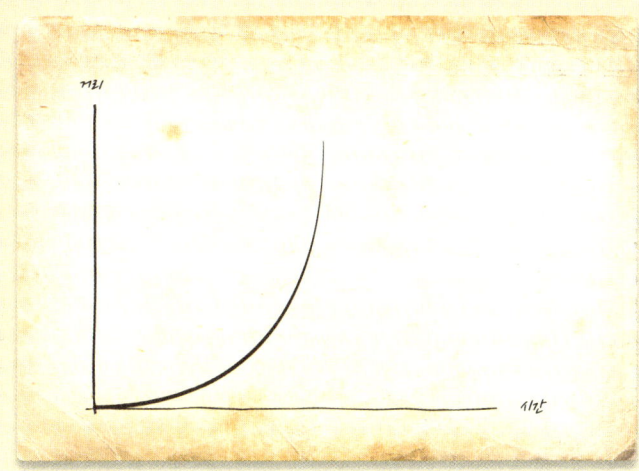

무한 급수

무한 급수는 무수히 많은 수의 항의
합이다. 예를 들어 너와 네 친구가 문
을 닫도록 요청되었다. 그러나 문이
열린 것의 반 정도로 문을 닫으며 이
것은 닫힌 상태로부터는 반 정도 열
린 것이다. 첫째, 너는 문을 총 거리
의 반만 닫았을 것이다. 그후 너의 친
구는 총거리의 1/4만큼을 닫는다.
그리고 너는 다시 1/8만큼 닫는다.
문은 이 모든 부분들의 합이 1이 될
때 닫힌다. 각 부분은 합에서는 '항'
이다. 그리고 각 항은 당신과 당신의
친구들이 한번씩 문을 반만 닫는 것
에 해당한다. 얼마나 많은 차례가 와
야 당신과 당신 친구는 문을 닫을 수
있을까?

운동관련 문제 분석하기

적분은 미적분학의 한 부분이다. 이것의 거울 상은 미분이라고 알려져
있는 활동이었다. 이것은 곡선의 기울기를 측정하는 방법이다. 미적분학의
가장 기본적인 원리는 두 공식의 적용은 서로가 역전의 관계에 있다는 것
이다. 뉴턴은 이것을 이해하는 첫번째 사람이었고, 그는 이러한 관계의 이
해에 도달했다. 왜냐하면 그가 기하학적 문제들(곡선의 기울기)은 운동과
운동하는 물체들의 문제들이었다.

내가 탑으로 부터 떨어지는 사과의 그래프를 그린다면, y좌표 축은
물체의 위치를 그리고 x좌표 축은 당신이 떨어뜨렸을 때부터의 지난 시간
을 표현한 것이다. 당신은 곡선을 갖게 될 것이다. 이 곡선의 경사도는 공
의 속력이 얼마만큼 증가하고 있는지를 보여준다. 다른 말로 이것은 가속
도의 계산이다. 속력이 변화하는 비율을 나타낸 것이다. 이 가속도를 계산
하기 위한 방법을 발견하는 과정에서 뉴턴은 미분을 잘 이해하였다. "문제
를 운동으로 풀이한다."의 제목 아래에 그는 그의 새 이론을 증명하는 명
제들의 모음 만들기를 시작하였다. 이 개념을 설명하는 새 단어를 발명하
고 "변수"와 "미분"라고 불렀다. 그는 그의 새로운 체계를 "미분의 공식"이
라고 불렀다.

"내가 얼마나 많은 곳에 가서 이러한 계산을 가져왔는지를 설명하는 것은
부끄러웠다. 그 당시 다른 어떤 일도 없었다. 나는 정말로 이 발명들을
하면서 너무 많은 기쁨을 얻었다."

중력의 발견

뉴턴은 중력을 발견한 것으로 매우 유명하다. 자연의 기본적인 힘이 그들의 궤도 안에서 행성을 궤도 안에 가두고 사과가 땅에 떨어지는 원인이 된다. 뉴턴 이전에 이런 힘들의 토론은 추측과 공상이거나 경향과 속성이었다. 뉴턴 다음부터 힘은 정량화 될 수 있었고 계산할 수 있었다. 그가 만들어낸 합들은 우주로 로켓을 발사할 수 있고 달에 사람을 보낼 수 있도록 사용되었다.

우리가 뉴턴이 중력을 "발견"했다고 말할 때, 무엇을 의미 하는가? 중력의 현상은 아주 분명하다. 그리고 이 말은 그 당시 물체들이 땅으로 이동하는 경향을 가진 성질을 표현하기 시작했다. 뉴턴의 과학적 발견은 정밀하며, 중력의 힘을 수학적 물리량으로 발견한 것이다. 그리고 모든 물체들 사이에 서로 끌어당기는 기본적 힘이 작용하는 것을 증명한 것이다. 그의 시대에 그는 중력의 역자승 법칙을 밝힌것으로 세상에 널리 알려지게 되었다.

중력의 역자승 법칙은 두 물체 사이의 중력 인력은 힘을 두 물체 사이의 거리의 제곱으로 나눈 값에 따라 다르다.('역전' 이 문맥에서는 1을 나눈 값 또다른 표현은 '역수', 수학적 표기에서 이것은 다음과 같이 또는 $\frac{1}{x^2}$ 또는 x^{-2}로 적는다.) 예를 들어, 같은 질량의 세 행성들은 태양 주변을 공전한다고 가정하자. A행성은 1AU(천문 단위)만큼 떨어진 거리에, B행성은 2AU 만큼 떨어진 거리에 위치해 있다. 그리고 C행성은 3AU 만큼 떨어진 거리에 위치해 있다. B행성은 A행성 보다 2배 멀기 때문에, 그래서 끌어당기는 힘은 $\frac{1}{2^2} = \frac{1}{4}$의 A행성에 작용한 힘이다. C행성이 세배 멀리 떨어져 있다. 그래서 힘은 $\frac{1}{3^2} = \frac{1}{9}$의 A행성에 작용한 힘이다. A행성은 태양으로부터 4배나 멀리 떨어진다면, A행성은 $\frac{1}{16}$ 인력을 경험한다.

코페르니쿠스 학설(지동설)의 그림
태양중심의 우주 모형에서 지구와 다른 행성들이 태양을 주심으로 공전하는 것을 보여준다. 목성은 갈릴레이 위성들과 함께 보인다.

그럼 뉴턴은 어떻게 이 규칙에 도달했는가? 갑작스럽게 한 순간에 나타난 사과의 전설에 따르면—번개같은 직관은 어쩌면 신적인 영감일 것이다. 사실은 이 과정은 수없이 나왔고 위태로웠다. 그의 수학적 돌파구에 감사하며, 그는 이제 곡선과 원들을 계산할 수 있는 도구를 가졌다. 그리고 무엇보다도 곡선 운동의 수수께끼들을 풀었다.

사고 실험

이러한 도구들을 사용하면서 그는 사고 실험을 계획했다. 돌이 줄끝에 묶여 있고 원으로 돌고 있다. 이것은 두 개의 반대되는 힘들을 나타낸다. 한 힘은 '원심력'이고 '후퇴하는 힘'이며 돌을 날아가게 만든다. 반면에 다른 힘은('구심력' 또는 '끌어당기는 힘'이 줄에 의하여 작용한다.) 원의 중심으로 잡아당긴다. 두 힘들은 서로 상쇄되어 돌은 원 궤도를 돌수 있다. 그러나 줄이 잘라졌다면 돌은 직선으로 날라갈 것이다.

공이 날아가는 대신에 원으로 회전한다. 왜냐하면 당기는 힘과 멀어져 갈려는 힘이 같기 때문이다.

뉴턴은 돌에 작용한 후퇴하는 힘을 정확하게 계산하기를 바랬다. 그렇게 하면서 그는 끌어당기는 힘도 계산할 수 있었다. 그의 계산을 위하여 그는 돌을 큰 구의 안쪽에서 돌고 있는 구로 상상했다.

그는 새로운 수학적 도구들을 활용하여 같은 시간에 한 바퀴 회전시 작용한 후퇴하는 힘을 정확하게 계산할 수 있었다. 그리고 그는 이것을 돌이 보여주는 크기의 원으로 적용시킬 수 있었다. 다른 말로는 돌의 궤도이다. 여기에는 두물체 사이에 역자승의 관계가 성립한다.

돌이 원으로 회전하는 것으로부터, 이것은 단지 태양을 돌고 있는 행성으로 작은 개념 도약이다. 그러나 무엇이 그러한 도약을 촉진시킬까? 묘사된 공전과 행성들 사이의 관계와 후퇴하는 힘은 또 역자승의 법칙을 따르는가? 줄에 있는 돌처럼, 행성은 후퇴하는 힘과 같은 끌어당기는 힘을 받게된다. 그래서 첫번째 질문에 대한 대답은 이 질문에 대한 대답이 될 수 있다. "행성의 궤도들 사이의 관계와 행성들을 궤도에 가두는 인력은 역자승의 법칙을 지키는가?" 그리고 뉴턴은 어떻게 그의 모형이 이 사실들을 만족시키는지 알아낼 수 있었을까?

뉴턴 이전의 중력

아리스토텔레스의 물리는 물체의 구성에서 중력은 땅과 물의 성질이 차지하는 결과라고 설명했다. 그래서 이 물체는 체제상 당연히 그들의 '적합한 장소'를 찾으려는 경향을 가지고 있다. 그러나 이것은 전혀 설명이 되지 않았고, 발견되지도 검증되지도 않은 것에 기초를 둔 것이었다. 아마도 물질의 본성에 대한 검증 불가능한 가정들이었다.

"나는 둥근 물체가 구안에서 회전하면서 구의 표면을 당기는 힘을 계산하는 방법을 찾아냈다…."

– 뉴턴의 제안서, 1714년

전설의 과일 : 뉴턴의 사과

유명한 전설은 뉴턴이 그의 머리에 사과가 떨어졌을때 중력의 개념이 섬광처럼 떠올랐다. 울즈소프에 있는 뉴턴의 생가를 찾는 방문객들은 여전히 지식의 나무(Tree of lore)로부터 나온 후세의 사과나무를 볼 수 있다. 사실은 뉴턴은 여러 사람에게 사과를 보면서 돌파구가 생겨났다고 말했다. 그래서 불변의 전설이 연금술적 진실을 감추기 위해 작용했다.

뉴턴의 사과 이야기는 전적으로 구전에 의한 것이다. 그가 많아야 네 명 정도의 다른 사람들에게 이야기를 한 것처럼 보인다. 모든 종류의 이야기는 공통적으로 뉴턴이 그의 개념적 돌파구를 울즈소프에 있는 정원에서 가졌다는 것과 그것들의 일부는 떨어지는 사과까지 언급했다는 것이다.

윌리엄 스터클리는 어떻게 그가 런던에 있는 늙고 병든 뉴턴을 방문했는지를 회상했다. 그리고 그 두사람은 정원으로 걸어나갔다. "어떤 사과나무의 그늘 아래서, 그와 나 단둘이 있을때, 다른 대화들 중에서, 그는 예전에 중력을 인식할 때, 비슷한 환경에 있었던 적이 있다고 나에게 말했다. 그가 명상을 하기위해 앉는 순간 사과가 떨어졌다."

프랑스 철학자 볼테르—뉴턴의 강력한 지지자였는데, 그는 결코 만난 적은 없다.—그럼에도 이 이야기를 적어도 두 번 이상 했는데, 이것을 뉴턴의 조카로 부터 들었다고 한다.

그의 글에서, "1666년 어느날, 뉴턴은 시골로 돌아와서 가을 나무의 과일들과 떨어지는 과일을 보았다고 직선 상의 물체들이 서로 끌어당기는 원인이 존재한다면 지구의 중심을 지나 통과할 것"이라고 뉴턴의 조카 콘듀이트 부인이 묵상에 잠겨서 나에게 말했다.

존 콘듀이트의 이야기는 땅으로 떨어지는 사과를 언급하고 뉴턴 자신의 설명에 매우 가까워 보인다. "그가 정원에서 명상에 잠겨있을 때, 중력의 힘(사과가 땅에 떨어지는 원인)이 땅으로부터 특정 거리까지로 한정되지 않지만 그 힘은 보통 생각하는 것보다는 훨씬 멀리까지 미친다고 그의 머리속에 갑자기 떠올랐다. 그는 그자신에게 왜 달의 높이까지는 안될까? 라고 물으면서…"

가까운 것과 먼 것

가장 중요한 것은 뉴턴은 개념적 도약을 지구표면으로 부터 천체까지로 뛰어올랐다는 것이다. 지구에서 거대한 구인 달에 작용하는 힘과 확실하게 작은 정원의 사과에 작용하는 힘이 같다라고 보았다. 왜 사과는 지구 중심으로 떨어질까? 왜 줄에 매달은 돌이 날아가듯 우주로 직선으로 날아가지 않는가? 왜 달은 지구를 도는 궤도에 존재할까? 행성들은 떨어져 나가지 않고 태양주변을 공전할까? 사과가 떨어지게 하는 그 힘이, 달을 계속 그 접선 방향으로부터 지구를 향해 떨어지도록 하는 것이 분명하다.

갈릴레오의 책을 읽고 자신의 실험들을 수행하면서 뉴턴은 지표면에서의 중력의 힘이 사과를 지표면으로 끌어 당기는 힘이라는 것을 어렴풋이 알았다.

Francois-Marie Arouet (1694~1778)
필명이 볼테르로 매우 유명함

이제 그는 달을 궤도에 가두기 위해 필요한 힘과 지구표면의 중력의 힘을 계산할수 있는 가?에 대하여 의문을 가졌다. 또 두 힘이 역자승의 법칙에 따르는지를 알고 싶어했다. 이 계산을 실행하기 위해 그는 지구로부터 달까지의 거리와 지구의 반지름을 이용한 계산을 아는것이 필요하다고 생각했다. 불행하게도 이 관점에서, 뉴턴은 잘못된 자료에 의존하여, 그는 갈릴레오에 의한 640km, 너무 작은 값을 활용하였다. 그 결과 그의 결론은 잘 맞지 않았다. 이 것은 그의 중력 개념이 달의 운동을 설명할 수 없는것 처럼 보였다.

그는 다른 힘, 아마도 데카르트의 소용돌이가 작용했다라고 생각했다. 20년뒤 이 문제에 다시 돌아와서 프린키피아를 쓸 때, 그때서야 뉴턴은 좀 더 정확한 지구의 반지름에 정확한 측정값을 사용할 수 있었다. 그리고 그는 계산을 할 수 있었다.

이것은 후세에 남기는 이야기가 아니다.

어쨌든 간에 그는 달과 사과에 작용하는 힘들의 초기 계산에서 "답을 꽤 잘 찾았다."라고 주장했다. 그가 불멸의 사과 전설을 위한 숨겨진 동기가 있는가? 아마도 이것은 그의 중력 이론을 위하여 진실과 연금술적 영감들로 부터 관심을 분산시키기 위해 쓴 것일 것이다.

볼테르의 책 표지 그림
위대한 학자의 이상적인 삶을 잘 보여준다.

"같은 해(1666년), 나는 중력을 달의 궤도까지 연장시켜 생각하기 시작했고 구 안에서 돌고 있는 공에 작용하는 힘을 어떻게 계산하는지 알아냈다…. 나는 행성들이 그들의 공전 궤도 안에 두는 힘은 반드시 궤도의 중심으로부터 궤도까지 거리의 제곱에 반비례하여 작용한다는 것을 추론했다."

– 뉴턴의 노트에서, 1714년

자, 즐거운 시간을 보내자

뉴턴은 사고의 역사에서 아마도 가장 위대한 혁명을 위한 기초를 다지고 캠브리지로 돌아왔다. 그러나 캠브리지는 별로 신경을 쓰지 않았다. 뉴턴의 미래는 특별연구원 채용에 달려 있었다. 아직 그는 신경쓰지 않는것처럼 보였지만, 아마도 그가 최후의 패를 가지고 있었기 때문이다. 연구원으로 선발되고, 그는 휴식하고 보통사람들이 즐기는 취미(도박, 음주, 구매)를 하기 위한 시간을 가졌다.

1667년대가 시작되면서 흑사병의 공포가 가라앉고 대학은 다시 열렸다. 뉴턴은 캠브리지 대학에 신사가 되어서 돌아왔다. 그는 그랜섬에서 헤럴드의 방문에 참석하면서 공식적인 지위를 획득하였다. 이제 그는 그의 이름을 서명할 수 있었다. "아이작 뉴턴 울즈소프, 신사, 23세" 그는 약 2년을 미지의(정리되지 않은) 자연 철학의 바다를 탐험하는 데 사용하였다. 그러나 지금 그는 모든 대학생들에게 세속적이며 절박한 시험이라는 공통의 문제에 직면했다. 이것은 뉴턴의 미래와 관련되어 매우 잔인했다. 그는 트리니티에서 제공하는 소수의 특별 연구원 자리 중의 하나를 획득해야 했다…. 성공은 그를 아카데미아에서 경력을 쌓을 수 있게 하고, 실패는 그를 아마도 링컨셔의 무명의 목사가 되어 시골에서의 삶으로 운명지을 것이다.

진홍색에 열광하다

뉴턴은 스승 험프레이의 좋은 주선에 감사했다. 뉴턴은 선발 과정은 단순한 격식에 불과하다고 생각하였다. 그는 그의 캠브리지 숙소를 꾸미기 위한 도구를 샀다. 윈킨스와 함께 공유할 공간의 수리를 위한 계획을 만들었다. 그리고 공식 복장을 샀다. 그의 자기만족 근거는 확실했다.

1667년 3월 그는 그해 봄 석사학위 취득 후 정식 연구원으로 선발되었다. 뉴턴은 재빠르게 캠브리지 대학의 서열에 오르고 있었으며 동시에 그의 미래도 확보되고 있었다. 그리고 아마도 그의 삶에서 유일하게 편하게 시간을 보냈다. 그의 소비 내용에 술집에 다닌 것도 기록되어 있다.

카드 게임으로 돈을 잃고 새옷, 그리고 그의 방을 적색으로 꾸미는 데 많은 비용을 지불한 기록이 남아 있다. 그 색은 그의 삶에서도 그를 괴롭혔다. 나이가 들어 늙어서도 그는 집안의 커튼, 침구류, 잠옷들을 적색으로 갖추었다.

뉴턴의 소비 1667:

재단사에게 1667년 10월29일   2 . 13 . 0

재단사에게 1667년 6월10일   1 . 3 .10

크리스마스 기간   0 . 5 . 0

카드 게임에 잃은 돈(두번)   0 .15 . 0

술집에 두번   0 . 3 . 6.

선생님을 따르는 학생

그가 이룩한 깊이있는 진척에도 불구하고, 뉴턴은 그 당시 수학에 대한 흥미를 잃고 있었으며 연금술의 신비에 점점 빠져들었다. 1669년 8월 그는 런던으로 연금술 책과 재료를 사기 위해서 첫 여행을 간다. 왕립학회 회원들이 그를 만나기를 기대하였지만, 그는 왕립학회에 방문하지 않았고, 이 때에 뉴턴의 발견 소식들이 퍼져나가기 시작했다.

아이작 뉴턴의 이름은 더 넓은 세계에 천천히 알려지기 시작했다. 아이작 바로우, 캠브리지 수학과 명예위원이었던 교수님의 공이다. 그가 캠브리지에 돌아온 뒤로, 뉴턴은 베로우 교수와 가까운 관계로 발전했다. 베로우는 뉴턴의 최근 성과물들을 인정해주는 캠브리지의 몇 안되는 사람들 중의 하나였다. 그리고 야망이 있는 젊은 학자에게 매우 좋은 협력자였다.

베로우는 바로 그의 어린 조수가 아주 뛰어난 발견들을 하고 더 알리려고 노력하고 있다는 것을 깨달았다. 그러나 뉴턴의 대표적 성격의 일부 때문에 충돌하였다. 그는 연구와 관련된 망상적인 비밀들과 연구물의 소유욕이 강했다. 그는 그의 발견들이 가질 명성들에 대한 관심이 없었다. "내가 이해하지 못한 것에 대한 대중들의 관심이 높다. 나는 이것들을 받아들여 이것을 수행한다면 아마 나의 친분관계는 나아지겠지만, 나는 주로 낮추어지려고 연구한다." 이런 겸손은 곧 시험대에 올라간다.

아이작 베로우의 판화그림
뉴턴의 학문적 스승, 젊은 학자의 발견들을 세상에 널리 알렸다.

"내가 이해하지 못한 것에 대한 대중들의 관심이 높다. 나는 이것들을 받아들여 이것을 수행한다면 아마 나의 친분관계는 나아지겠지만, 나는 주로 낮추어지려고 연구한다."

병리학적으로 수줍은가?
왜 뉴턴은 자신을 밝히기를 그토록 꺼려했는가? 이것은 그가 이룬 성과물의 도난에 대한 두려움과 단지 '가정'(64~65쪽 참고)들로만 끝나기보다는 완전하게 풀어내는 체계를 만들려는 그의 소망때문이다. 그러나 무엇보다도 이것은 논쟁에 대한 공포, 반박당할 가능성 그리고 패배당할 가능성들 때문이었다.

위대한 업적에 대한 소식

조금씩 뉴턴의 생각에 대한 소식들이 점점 새나가기 시작했다. 이것은 그와 아이작 베로우 교수와의 관계의 공이 크다. 베로우는 뉴턴이 밝혀낸 비밀들에 대하여 궁금해했다. 그 답례로, 뉴턴은 베로우 교수가 매우 야망적인 사람이고, 그의 총애는 보상받을 수 있다는 것을 인지하고 베로우의 출세의 전망을 감지하였다.

1668년 9월에 베로우 교수는 수학자이자 편집장인 존 콜린스로부터 니콜라스 메르카토르 대수의 전개기술(Logarithmotechnia—무한 급수로 부터 로그를 계산하는 새 방식을 설명한 것)의 사본을 받았다. 메르카토르는 뉴턴이 발명했던 일반 체계의 특정 예를 발견해냈다. 베로우는 이 책을 뉴턴에게 보여주었고, 그는 서류로 다음과 같이 답변했다. "무한급수에 의한 분석" 처음에 그는 베로우 교수가 콜린스에게 이것을 보내는 것을 반대했다. 베로우 교수가 다음과 같은 소식을 써서 보낼지라도 "여기 있는 아주 훌륭한 천재 친구가 예전에 메르데카토씨가 연구한 쌍곡선과 비슷한 그러나 매우 일반적인 것을 면적의 척도를 계산하는 방법을 시작한 것을 가지고 왔다네."

한달 뒤 뉴턴은 약간 누그러지고 베로우 교수는 조심스러운 말들로 갖추어서 이것을 보낼 수 있었다. 베로우 교수의 말들이 뉴턴의 망설임을 분명하게 듣지는 못했지만, 아직 넓은 세상에 노출시키는 것에 대하여 병리학적으로 걱정스러워했다.

"I send you the paper of my friend I promised, which I presume will give you much satisfaction; I pray having perused them so much as you think good, remand them to me; according to his desire, when I asked him the liberty to impart them to you. And I pray give me notice of your receiving them with your soonest convenience … because I am afraid of them; venturing them by post."

– 베로우 교수가 뉴턴에게 보내는 편지 : 뉴턴과 그의 학문적 성과에 대해 설명하고 있다.

배우면서 총명한 사람

루카시안 교수는 연속으로 계획된 강연을 해야한다. 베로우 교수는 광학을 그의 주제로 정했었다. 그리고 뉴턴은 그것들을 편집해서 출판시킬 수 있도록 요구되었다. 젊은 조수, 뉴턴은 베로우 교수의 이론들이 절망적으로 뒤쳐져 있으며 부정확한 이론들이라는 것을 그 자신의 실험들로 알고 있으면서도 정리했다. "배우면서 총명한 사람이 내 사본을 분석하고 원했던 수정을 한 것처럼 그런 것을 기록했다.

결과적으로 뉴턴은 베로우 교수가 콜린스에게 그의 정체를 밝히는 것을 허락했다. "나는 나의 친구의 논문을 당신에게 드린 것을 매우 만족하게 생각하고 있다. 그의 이름은 미스터 뉴턴이며, 우리 대학원 연구원이고 매우 젊다. 그러나 이 분야에서 아주 특별난 천재성과 실력을 갖추었다." 콜린스는 다음에 이 논문을 왕립학회의 회원을 선발하는데 보여줄 논문으로 사용토록 했다. 그러나 이것은 1711년까지도 발간되지 않았었다.

"그의 이름은 미스터 뉴턴이며, 우리 대학원 연구원이고 매우 젊다.
그러나 이 분야에서 아주 특별난 천재성과 실력을 갖추었다."

– 아이작 베로우가 존 콜린스에게, 1668년

수학적인 구애

　　이제 콜린스의 수학적 구애가 더 요청되었다. 그는 그의 요청들에 대하여 거의 수줍어하는 반응을 보인 뉴턴을 데리고 오려고 했다. 삼차원 공식을 분석하기 위한 표를 요구하였을 때, 뉴턴은 이 일을 "매우 쉽고 아주 분명하게 정리했다. 그러나 나는 내 자신에게 이것을 만드는 힘든 일을 보증서도록 설득시킬 수 없었다. "연금의 이자율을 계산하는 공식을 콜린스에게 보내면서, 그는 그의 이름이 밝혀지지 않은 채 발간되기를 주장했다. 뉴턴의 겸손에도 불구하고, 뉴턴에 대한 평은 역동적으로 빠르게 퍼져나갔다. 베로우 교수는 야망은 있으나 루카시안 교수[6] 라는 조건때문에 다른 자리를 가질 수 없었다.

　　다른 자리를 갖기 위해 그는 이동하는 것이 필요했다. 그래서 1669년에 그는 왕립 예배당 성직자 자리의 기회를 가졌다. 그래서 루카시안 교수의 자리가 공석이 되었다. 뉴턴이 완벽하게 자리를 차지하였다. 베로우 교수가 그를 그자리에 추천하였고, 1669년 10월에 젊은 학자 뉴턴은 캠브리지 대학에서 수학의 명예로운 교수 자리에 올랐다. 교수 임용을 위해 그가 계속 봤던 수학 시험에서 그를 기본적인 수학 문제로 떨어뜨렸던 교수의 자리를 불과 5년 뒤에 차지하게 된 것이다.

6) Lucasian chair(Lucasian professor) 1663년 헨리 루카스에 의하여 설립되었으며 세계적으로 수학 분야의 명성있는 학자에게 주는 캠브리지 명예 교수직

이 판화는 왕립학회 모임에서 상대적으로 격식없는 토론 환경을 보여준다. 이 그림은 뉴턴 자신이 회장이었던, 18세기를 나타낸 그림이다.

A meeting of the Royal Society

얼빠진 교수

뉴턴의 지위는 이제 안정되었다. 교수직은 사람을 죽여야만 사퇴되는 보장된 지위였다. 비록 아무도 강의를 듣기 위해 오지 않더라도, 그는 약간의 강의를 하도록 되어 있었다. 이것은 그에게 잘 맞았는데, 그는 주변 세계를 무시하며 자신을 완전하게 그의 연구에 헌신했고 대학에서 조롱과 경외심이 합쳐진 인물이 되었다.

그의 전임자와 같이 뉴턴은 강의를 하도록 되어 있고, 그의 전임자가 했듯이 뉴턴은 광학에 대해 강의를 결정했고, 물질에 대한 베로우 교수의 이론들을 수정하기 시작했다.

"내가 나의 경건한 전임자가 이 장소에서 전달했던 것들보다 과학의 원리를 더욱 강력한 고찰로 전달하는 것은 적합하지 않다고 판단한다. 수많은 학생들이 뉴턴의 첫 강의에 출석했다. 두번째 강의에는 아무도 나타나지 않았다. 그가 강의를 한학기에 한번으로 줄인적도 있었지만 그는 강의를 17년 동안이나 계속했고, 아주 자주 빈 강의실에서 강의를 했다. 1685년 그는 먼 친척인 험프레이 뉴턴을 조수로 고용했다. 험프레이는 다음과 같이 회상했다. "아주 적은 수의 학생들이 그에게서 강의를 듣기 위해 왔고, 적은 수의 학생이 그를 이해했다. 그는 이런 방식으로 가르쳤다. 학생들의 낮은 수준때문에 때론 벽을 향해 읽기도 했다…. 그는 강의실에 약 30분 정도 기다렸다가 학생이 없을때 그는 종종 네번째 시간이나 또는 더 빠른 차시에 돌아왔다."

그가 강의가 없을 때에는 양말은 항상 같았고 머리는 거의 빗지 않았다. 뉴턴은 무엇을 하는 것일까? 다수의 일화들은 철학의 명상에 빠져 있고 주변을 좀처럼 의식하지 않는 진부한 얼나간 교수의 그림을 그렸다. 스터클리에 따르면 험프리 뉴턴은 비슷한 나쁜 얘기를 하였다.

"뉴턴은 항상 그의 서재 가까이 머물렀다. 좀처럼 방문도, 그리고 손님도 적었다…. 나는 그가 여가, 기분전환, 바람을 쐬기 위한 승마, 산책, 볼링, 또는 다른 운동을 하는 것을 본적이 없다. 생각하면서 모든 시간을

"집회장의 저녁식사를 할 때, 그는 자신을 완전히 무시했다, 식탁보는 그가 음식을 먹기 전에 치워졌고… 그가 그의 친구들과 집에서 즐길 때에는 그는 한병의 포도주를 가지고 연구실에 들어갔다, 그리고 그가 무슨 생각이 떠오르면, 그 자리에 앉아서 종이에 쓰고 친구들의 존재를 잊었다."

소비하고, 온종일 서재에서만 지내는 것은 아니었지만, 그가 가장 가까이 머무는 집을 좀처럼 떠나지 않았다. 그는 공휴일이 아니면 거의 집회장에 식사하러 가지 않았다. 그리고 그가 정신이 없을때에는 닳은 신발과 풀어진 스타킹, 백의를 입은 상태에서 머리를 빗지도 않고 조심성 없이 돌아 다녔다.

때때로 그는 집회장까지 가지 않았다. "그가 모처럼 집회장에서 식사하기로 계획했던 시간에, 거리에 나가서 왼쪽으로 돌아서 멈춘 곳에서 그의 실수가 발견되면, 바쁘게 돌아서 집회장으로 가는 대신에 그의 집으로 다시 돌아왔다.

뉴턴의 일반적인 묘사
기하학자의 일을 위한 도구를
가지고 열심히 일하는 모습

우리는 즐겁지 않다.
아이작 교수는 유머가 없는 교수였던
것 같다. "나는 그가 웃는 것을 거의 본
적이 없다." 험프리 뉴턴은 회상했다.
뉴턴을 아는 사람이 유클리드책을 빌리
는 뉴턴에게 이것을 공부하는 용도를
물었을 때 "아이작 경은 크게 웃었다."
뉴턴의 조카에 따르면, 그의 친구와의
우정은 그때 비약적으로 끝났고, 동료
가 "수녀에 대한 농담을 얘기할 때, 아
이작 경은 그에 대한 신뢰감을 버리고
떠났다."

유레카(Ureka) 순간들

대학내 길들을 방황하다가 뉴턴은 갑자기 멈추고 막대기로 땅에 숫자
를 쓰는것으로 알려져있다. 다른 동료들은 이것들 주위를 걷다가, 천재의
일부 조각을 파괴하는 위험을 갖지 말아야 한다고 깨달았다.

"그가 가끔 한번 또는 두번 돌때, 갑작스럽게 서서, 돌고, 계단으로 뛰
어올라가, 또 다른 아르키메데스와 같이, [Eureka] 책상에 선채로 써 내려
갔다. 그 자신에게 쉴 수 있는 의자를 앉기 위해 꺼내지도 않고" 험프리 뉴
턴은 썼다. "나는 그가 먹거나 잠자는데 소비하는 짧은 시간들을 아까워했
다고 믿는다."

"…그는 매우 검소하게 먹었다. 그럼에도 불구하고, 그는 가끔 식사하는 것을
잊었다. 그래서 나는 그의 집에서, 그가 음식에 손대지 않은 것을 발견하고
그에게 말했을 때, 그는 대답했다. 내가 그랬나? 그리고 식탁에 와서
서있으면서 한 두번 입에 댔다. 나는 그가 앉아서 먹는 것을 보지 못했다.…"

– 아이작 뉴턴에 대하여, 험프리 뉴턴

실험의 쟁점

루카시안 교수로서 첫번째 강의에서 뉴턴은 1664~1665년도의 그의 광학 실험들로 돌아갔다. 이제 그는 연속된 실험들을 완성시켜서 세련되고 의문의 여지가 없는 증명된 빛과 색의 새로운 이론을 증명하였다. 부분적으로 실험의 쟁점이자 획기적인 실험이었다. 이것은 아마도 지금까지 실행된 참 과학의 첫번째 작품이었을 것이다.

뉴턴은 프리즘을 연구했다. 전에는 흰색이 빛의 색이라고 생각을 했었고 프리즘의 어떤 성질이 빛을 다른 색으로 만들었다고 믿었다. 아리스토텔레스는 다른 양의 검은색과 흰색을 혼합해서 색이 생성된다고 생각했다. 데카르트는 색은 빛의 입자가 속력의 변화에 따른 결과라고 생각했다. 로버트 후크는 아마도 이때까지 영국에서 앞서가는 철학자였으며, 왕립학회의 실험들의 관리자였다. 「작은 도면들」의 저자였던 그는 두개의 기본 색깔은 청색과 적색이고, 이 색들은 "기울고 복잡한 빛의 진동이 망막위에 압력을 가해서" 생긴 것이라고 주장했다.

차이 나는 굴절성

프리즘으로 하는 그의 초기 실험들에서 뉴턴은 다른 색들은 꺾이거나 다른 각도로 굴절된다는 "굴절성(refrangible)"을 갖고 있다는 것을 보여 주었다. 아마도 이것은 그에게 빛의 성질은 수량화가 된다고 자극했다. 그는 한 장의 종이를 창문에 대고, 바늘 구멍을 뚫어서 빛의 한 줄기가 들어오게 하여 프리즘을 비치도록 하였다. 색깔들의 스페트럼이 먼 벽 쪽에 생성되었다.

프리즘과 벽 사이에 바늘 구멍이 있는 다른 카드를 놓고, 그는 스페트럼으로 부터 한 색을 고를수 있었다. 완전 적색 또는 청색의 광선이 분리되어 두번째 프리즘을 통과하도록 한다. 이 두번째 프리즘은 각 색깔의 광선을 다시 굴절시켜서, 다른 색을 생성하지 않는다. 그는 각도를 측정하고 청색 빛이 항상 적색 빛보다 더 굴절된다는 것을 발견했다. 아직 굴절 자체는 색을 반드시 변화시키는 원인은 아니었다.

이것은 그가 찾아 왔던 이정표였으며 실험의 쟁점이었다. 이 간단한 실험은 프리즘이 색을 생성하지 않는다는 것을 보여주었다. 프리즘은 간단히 여러색이 합성된 빛(흰색 빛)으로 부터 분리시켜서 각각의 색으로 퍼트린다. 그리고 프리즘이 빛을 굴절시키기 때문에, 다른 색의 빛들은 다른 각도로 굴절된다. 또한 뉴턴은 이렇게 정리했다. "빛은 다른 굴절성의 광선들의 집합이다."

가장 훌륭한 합성

새로운 빛과 색의 이론을 증명하기 위해서, 그는 두개 더 독창적인 실험들을 고안해 냈다. 첫번째는 프리즘에 의해 생성되는 스페트럼의 경로에 렌즈를 놓는 것이다. 그 렌즈는 그 빛을 초점으로 모아서 흰 점을 생성할 것이다. 다른 말로, 렌즈를 이용하여 다른 색 광선들을 합성시키면 그는 원래의 흰색 빛으로 복원시킬수 있다.

마지막으로 그는 톱니바퀴를 렌즈와 벽사이에 놓고, 그 톱니가 렌즈로 부터 나오는 다른 색 빛의 광선들이 초점에 도달하기 전에 그리고 합

프리즘은 흰색 빛을 스펙트럼으로 분산시키고, 각진 유리표면은 빛을 굴절시킨다. 그리고 다른 파장의 빛은 각각 다른 각도로 굴절한다.

성되기 전에 방해하도록 했다. 그래서 그는 한번에 하나씩 잘라냈다. 바퀴를 돌리면서 톱니가 움직이고 한 색 다음 다른 색이 차단되었다. 결과는 벽에 있는 점은 흰 빛이 차단되면서 통과하는 다른 색 광선들에 따라서 색이 변하였다.

"가장 놀라운 것은, 훌륭한 합성이다"라고 그는 결론을 내렸다.

"이것은 순백색의 것이다. 어떤 종류의 광선도 홀로 이것을 보여줄 수는 없다. 항상 이것이 합성되면, 이것의 성분들은 앞에서 언급한 적당한 비율로 섞인 기본 색들의 필수 요소들이다." 라며 그가 주장했다. "가장 중요한 발견이 아니라면, 이것이 지금까지 자연 활동에서 만든 것들 중에 가장 특별한 것이다."

"나는 종종 프리즘의 모든 색이 모여서, 그리고 다시 섞여서 빛으로 재생산되며, 완전히 그리고 완벽하게 흰색으로 되는 것에 경의를 표한다."

채색된 판화는 뉴턴이 빛의 광선들을 초점에 모으는 실험을 보여준다.

편리한 허구

뉴턴이 그의 강의에 관련된 연속적인 실험들은 나중에 왕립학회에 글로 발표되었다. 발표는 그가 빠르게 한 걸음에서 다음 걸음으로 진행하는 것을 깔끔한 설명의 통찰, 이론, 실험, 그리고 확인을 보여주었다. 사실, 그는 몇 해를 걸쳐서 연속 실험을 만들었다. 그리고 그 과정은 지저분했고 때로는 결론을 만들수 없었다. 이 실험은 어려웠는데, 예를 들어 스펙트럼 요소들을 세부적으로 분리하기 위해서 프리즘을 조심스럽게 위치에 놓지만 태양—흰색 광선의 원천—은 지속적으로 하늘을 이동했다.

망원경의 완성

뉴턴의 광학적 연구는 이론들을 넘어선 것을 창조했다. 그는 그의 통찰력을 실용적 사용에 투입할 수 있었고, 망원경 제작의 기본적 어려움을 극복하며, 지식의 열정과 손 기술은 그를 완벽하게 이론적으로 만들어진 기구를 생산하는데 성공시킬 수 있었다. 세계 최초의 반사 망원경, 이것은 세계 무대에 뉴턴의 도착을 알리는 것이었다.

1608년에 한스 리퍼쉬는 렌즈로 빛을 모아서 초점이 사람의 눈에 맺히는 망원경을 발명하였다. 이 렌즈들은 굴절현상을 통한 기술이 완성된 것이다. 따라서 이 관측 기구를 굴절 망원경이라고 불렀다. 뉴턴은 망원경을 사용해보고 이것들의 품질이 실망스럽고, 비틀어지고, 흐린 상을 가졌다는 것을 알았다. 그의 광학 연구 덕분에 그는 유일하게 원인을 알았다. "나는 망원경의 완성도가 지금까지는 떨어졌고, 광학 기술자의 처방에 따라 섬세하게 계산된 유리로 가능한 것은 아니라는 걸 알아냈다. 왜냐하면 빛 자체는 각각 다르게 굴절하는 광선들의 불균질 혼합이기 때문이다."

그가 언급한 이 문제는 오늘날 "광행차"라고 알려져 있다. 렌즈는 프리즘과 같이 빛을 굴절시키거나 꺾는다. 그러나 또한 프리즘처럼 이것은 다른 파장들(색들)이 다른 각도로 굴절할 것이다. 이것은 다른 파장의 광선들은 한 점에 모이지 못하고 틀어진 상을 형성할 것이다.

반사 망원경

이 문제를 해결하기 위해 뉴턴은 다른 형태의 망원경을 찾았고, 이것을 위한 설계들이 한동안 돌아다녔다. 그러나 어느 것도 성공적으로 만들어지지 않았다. 반사 망원경, 이것은 포물선 거울을 렌즈 대신 사용하여 빛을 모으고, 그래서 광행차 문제를 한꺼번에 해결한다. 고품격의 거울 제작은 이 망원경의 문제였다. 영국에서의 최고 장인은 벌써 시도했다가 실패했다. 뉴턴은 반사도와 경도(적절하게 갈아내기 위한 단단함이 필요)가 완벽하게 조율된 것을 합금을 해서 제작하도록 그의 연금술 전문가들을 고용했다.

1669년 2월에, 힘들게 만든 주물작업, 연마, 거울 광택내기 그리고 경통, 받침대와 부속품의 제작이 끝나고, 그는 15cm 길이의 작은 기구를 제작하는 데 성공하였다. 그는 이 기구가 물체를 확대시킬 수 있다고 다음과 같이 말했다. "1.8m 크기의 굴절 망원경의 성능보다 뛰어나며 물체를 40배 이상 확대시키고, 차별성을 가졌다고 믿는다⋯. 나는 이 기구를 가지고 목성과 위성들, 그리고 초승달 형태의 금성을 명확하게 볼 수 있었다."

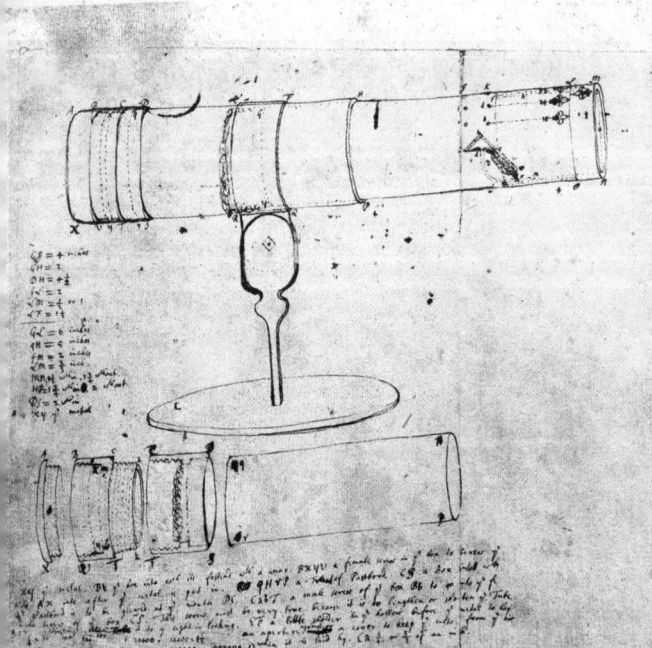

뉴턴의 반사망원경을 위한 설계도
부품의 분해 상태도 보여준다.

"나는 그에게 어디서 이것을 만들었느냐고 물었다, 그는 그 자신이 만들었다고 대답했다. 그리고 내가 그에게 어디서 그의 장비들을 얻었냐고 묻자, 그는 그것들을 직접 만들었다고 말하고 웃었다. 내가 다른 사람을 위해 나의 도구들을 그리고 물건들을 만들기 위해 머물러야 한다면, 나는 결코 아무것도 만들지 않을 것이다 …."

— 뉴턴은 첫번째 반사 망원경을 만듦, 그가 죽기 전 해에 존 콘듀이트에 의해 전해짐(1726)

위험한 물질들

뉴턴이 만드는 거울의 합금 과정의 묘사는 제련의 위험을 상기시킨다. "구리만 녹인다. 그후 비소에 넣는다. 비소가 녹으면서, 그들을 젓는다. 짧은 시간에 주의하며, 독성 연기 가까이서 숨을 들여 마시지 않도록 한다. 이후에 양철(주석)통에 넣고, 그것들이 빨리 녹아서 잘 저어준다. 그리고 따라낸다.

시험되고 갈채를 받다

2년 반이 지나서 뉴턴은 그의 망원경을 베로우 교수에게 빌려 주었다. 베로우 교수는 1671년 겨울에 왕립학회에 이것을 전시했다. 학회 회원들은 반사 망원경을 보고 기뻐했으며, 작은 망원경은 왕에게 보여드리기 위해서 화이트홀로 운반 되었다. 왕립학회의 회장이었던 헨리 올덴버그는 뉴턴에게 편지를 썼다. "회원들 중 광학과 실험분야에서 가장 우수한 사람들에 의해 망원경은 작동 되었고, 사람들이 찬사를 보냈다." 뉴턴은 지위가 보장되는 루카시안 교수였고 학회는 "이 발명품이 외국인에 의해 강탈당하는 것으로부터 보호받기를" 원했다. 뉴턴은 겸손하게 답했다. "당신의 편지를 읽고, 제가 지금까지 가졌던 작은 가치보다 더 큰 의미와 신경을 써주신 것을 보고 놀랐습니다."

1672년 1월 11일에 뉴턴은 왕립학회의 회원으로써 투표에 의해 창의성 항목으로 상을 받았다. 그는 격려를 받고, 망원경 제작할 때 처음으로 제기되던 이론들을 회원들에게 밝히는 것을 과감하게 시행했다.

"나는 망원경의 제작으로 이끌었던 철학적 발견의 내용들이 검토되고 시험되기를 의도하였다. 의문점을 갖지는 않지만 망원경의 고마움을 증명할 것이고 그후 이 장치의 소식을..."

2월에 그는 긴 편지를 썼다, "빛과 색의 이론"이라고 제목을 붙였다. 그 반응은 학문 논쟁의 세계에 참가하는 것에 대한 그의 모든 걱정들을 확인할 수 있었다.

"회원들 중 광학과 실험 분야에서 가장 우수한 사람들에 의해 망원경은 작동 되었고, 사람들이 찬사를 보냈다."

가정 vs 이론

왕립학회로 보내는 편지에 뉴턴은 자신을 그의 시대를 앞서는 사람이라는 거스 증명했다. "빛과 색의 이론"은 뛰어난 실험들의 설명 그 이상이었고, 그것들을 설명하는 새로운 이론이었다. 이것은 철학에서 혁명이었고, 사고의 새 방법이며, 진실된 과학의 시작이었다, 그리고 많은 사람들의 눈에는 지식과 진실로 향하는 진실된 길의 첫번째 시범이었다.

뜨거운 주제
가설과 이론의 차이는 진화론과 지적 설계설로 알려져 있는 천지창조설을 강조하는 시도들에 대해 벌이는 격렬한 논쟁만큼 매우 중요한 것이다. 진화론의 비평가들은 창조설의 상태와 동등한 적용을 하면 이것을 "가능한 이론들 중의 하나"로 가려쳐야 한다고 논쟁한다. 그러나 창조설은 과학적 내용에서 "이론(theory)" 단어의 뜻을 기본적으로 잘못 이해하고 있는 상태이다. 뉴턴이 지금까지 살고 있다면, 그는 창조설 진영의 전략들에 대하여 강력하게 반대했을 것이다.

뉴턴은 그의 논문의 처음부터 그가 가정들을 제공하지 않는다고 분명하게 하려고 노력했다.

"내가 관여하는 것들이 가정이 아니라 대부분 견고한 결과들이고, 겉으로 드러나는 추리에 의한 추측이 아니고 따라서 실험들의 중재에 의한 감정들이고 의문의 느낌 없이 바로 결론을 내린다. 가정과 분석은 다른 한편으로 실험적 증거이다. 이것은 이론을 증명한다. 뉴턴의 접근들은 혁명적인 것이어서 이해하기에는 완전히 어렵고 그가 그의 논문에 대한 응답에 그렇게 화난 이유이다.

쓸모없고 비어있는 결론

초기의 적대적인 반응들중의 하나는 프랑스인 제수이트로 부터였는데, 그는 뉴턴의 "가정"이 실수라고 주장했다. 반대는 캠브리지 인을 화나게 만들었다. 뉴턴은 평정심과 정확한 관찰을 가지고 이러한 반대들을 격파하였다. "내가 제공한 빛의 특정 성질들은 현재 발견되었고, 이것을 증명하기는 어렵지 않다. 그리고 이것이 진실이라는 것을 몰랐다면, 나는 쓸모없고 알맹이 없는 결론으로 버렸을 것이다. 그리고 그것들을 나의 가정들이라고 인정하겠다.

그러나 그는 더 강한 비난자(로버트 훅, 크리스챤 호이겐스, 66~68참조)들로부터 비슷한 반대의견을 받았다. 그 때까지는 많은 사람들이 그들의 연구에서 했던 것처럼, 뉴턴의 논문은 가정보다 약간 더 제안을 했다는 것을 논쟁하려고 했다. 이것은 결국 빛의 본성에 대한 그의 제안들은 그의 위치만큼의 권위가 있었다는 것을 의미했다. 더 경험많고 기반을 잡은 자연 철학자들은, 그들은 그들의 권위가 뉴턴의 것보다 더 크다고 생각했다 그래서 그들의 가정들이 더 우수하다고 믿었다.

가설과 이론의 차이

그러나 이런 반대의견들은 뉴턴이 제기한 논쟁의 본성을 이해하지 못하고 가설과 이론의 세밀한 차별성에 대한 오해에서 비롯된 것이다, 모든 오늘날 언어에서 이 두 단어들은 대략적으로는 서로 교체가능하다, 그러나 과학적 토론에서 가설과 이론사이에는 매우 중요한 차이점이 있다. 가설은 직관과 관찰 그리고 실험적 근거에 근거한 의견이다. 이것은 완전히 맞거나 정확하기도 하다. 그러나 불행하게 가설은 증명되지 못했다. 이것은 단순하게 가능한 설명으로 그럴싸하며 또는 사실에 가깝다.

이론은 반대로 검증되고 관찰과 실험으로 증명된 하나의 명제들이다. 그리고 종종 수학적 증명을 통해 보완된다. 이론의 진실은 실험자에 의존하지 않는다. 이것은 누구에게서나 자유롭게 증명될 수 있는 것이다. 이것은 과학적 이론들이 부정할 수 없는 것들이라고 말하는 것은 아니다. 새로운 실험이나 관찰이 생산되고 분명하게 이론을 부정할 수 있다. 그 이론은 수정되거나 폐기되어야 한다. 그러나 그런 일이 일어나기 전에 이론은 객관적으로 진실하다고 말할 수 있다.

나는 가설을 만들지 않는다

뉴턴은 동시대 사람들이 여전히 진실로 향하는 선견적(pre-scientific) 방법들에 매달려 있는 것을 이해했다. 이것은 그가 가진 행동의 원리이자, 그의 작품 프린키피아에서 주장한 유명한 말이다. "나는 가설을 만들지 않는다(Hypotheses non fingo)."

이처럼 딱딱한 뉴턴의 주장은 자연철학의 전통의 천년과의 충동을 단언했다 그리고 진실로의 새로운 길을 주장했다. 이것은 "과학적 방법"이라고 알려진 내용의 핵심이 되었다.

과학적 사고 체계의 지지자들은 객관적 진실로의 오직 유일한 길이라고 주장하였다. 이것은 뉴턴에게 그가 명백하고 반박할 수 없는 진실들만을 제공한다는 견해와 그를 비평들 위에 올려주는 이중의 효과가 있었다. 불행히 그의 발견들을 반론하는 것을 주장하던 비평가들은 쓰라린 불화의 시대로 이끌었다.

"나는 가설을 만들지 않는다. 현상으로 부터 추론되지 않은 것은 가설이라고 부른다."

**프란시스 베이컨 경
(1561~1626)**
의견보다는 실험과 관찰의 사용을 옹호했던 과학의 철학자

"신은 우리가 세계의 경향을 위한 우리의 상상력을 발표하는 것을 금하였다.

– 프란시스 베이컨 경

빛에 노출되다

지금까지 뉴턴은 홀로 많은 일을 했다. 그는 학문적 논쟁에서 삭제와 혹평의 의한 경험이나 신경질을 가져본 적이 없었다. 여전히 정치의 세밀함 또는 권모술수의 술책도 적었다. 무엇보다도, 그는 그의 시대를 앞서는 사람이었다. 그가 가설과 이론의 차이를 정복하고 있는 동안에, 그의 동료들은 여전히 선견적 사고방식을 고수하고 있었다.

다가오는 4년 또는 더 많은 기간에 걸쳐서 뉴턴의 큰 적대자는 로버트 혹(1635~1703)이었다. 그 두 사람은 비슷한점이 많았다. 혹도 어려서 그의 아버지를 잃었다. 그리고 상대적으로 천한 시작단계를 거쳐서 성장하고 그 자신을 학문의 힘으로 차별화시켰다. 혹은 수다스러우며, 허풍스럽고, 외향적이었다. 수다쟁이며 음모가였다. 그는 사람들로 바글거리는 커피 집과 연회 만찬들이 있는 큰 도시의 삶을 즐겼다. 반면에 뉴턴은 명예스러운 고립, 수학과 물리의 기본적인 진실들을 사색하고 있었다. 혹의 수집가 지능은 지질학에서부터 해부학, 시계제조 부터 날으는 기계까지 주제들 사이를 스쳐지나갔다. 그의 실험에 대한 재능은 왕립학회 실험들의 관리자 역할을 보장해 주었다.

전선(戰線)

혹의 대표작은 1665년도 책 마이크로그라피아에 현미경 보고서 그리고 빛의 본성에 대한 고찰을 썼다. 빛의 파동설에 대한 강력한 옹호자였다, 빛은 에테르에서 압력파나 진동으로 존재한다고 논쟁하였다. 이것을 인정하기 싫었지만, 뉴턴은 마이크로그라피아의 독자였고, 이 책으로부터 많은 영감을 얻었다. 그러나 빛의 입자설 옹호자로서 그는 파동설을 반대했다. "빛과 색의 이론"이 왕립학회에서 발표되었을때, 혹은 즉시 자신의 위치가 공격당하는 것을 느꼈고, 반대 공격을 시작했다. "나는 뉴턴씨와의 훌륭한 대화를 즐겼다 그리고 그의 관찰들의 정교함과 진기함에 약간 언짢았다. 그러나 그가 그렇게 많은 시험에서 발견된 것이 진실이라고 주장한 것에 완전히 동의하였지만, 아직 색 현상을 풀이는 가설이다. 그것에 의해서 나는 그것에 관한 확실성을 이해시킬 명백한 논쟁을 찾을 수 없었다고 고백했다. 내가 지금까지 만든 모든 실험들과 관찰들, 그가 주장했던 다양한 실험들까지도 나에게 빛이 동질, 균질의 투과 가능한 매질을 따라 전파시킨 진동이나 움직임이라는 것을 증명한다." 예를 들어 혹은 뉴턴의 프리즘이 단지 기존의 색들을 퍼트린다는 주장에 동의하지 않고, 프리즘이 오르간 파이프 또는 바이올린이 공기중에 소리를 더하듯이 색을 빛에 더한다고 주장하였다, 그리고 뉴턴이 실험의 쟁점으로부터 내린 결론을 단호하게 부정하였다.

혹이 만든 현미경의 하나
그는 여러 개를 부유한 아마추어 철학자들에게 팔았다.

불안함

　　뉴턴은 화가 났다. 그는 실험의 논쟁에서 훅의 비평이 "이유를 제시 못하는 부족한 부정"과 같다면 반대했고, 그의 비평에 대하여 욕을 퍼붓었다.

　　"나는 위대한 준비물을 가지고 이론을 주장했을때, 훅씨가 어떻게 그런 상상을 할 수 있는지 의아했다. 그뒤로 (아마도) 없이 기본적인 예상 자체를 주장하기 위해서는 나는 이일을 생각하지 말아야 할 것이다."

　　"나는 가설에 대하여 그렇게 걱정하는 사람을 찾는 것이 약간 불안했다. 내가 무관심하고 태평한 검사를 예상했던 사람으로부터 훅씨는 나를 비난하는 것을 고려했다고 생각했다. 그러나 다른 학자들에게 특히 그가 실행한 것에 대한 배경을 이해하지 못한 학자들에게 법칙을 주장하는 것은 한사람이 주장해서 되는 것이 아니라는 것을 훅은 잘 안다."

　　뉴턴은 어쨌든 간에 그 자신을 종이에 하나의 선을 가지고 공격하기 위해 자신을 열어놓고 주장했다. "빛이 물체가 된다는 것은 이제 더 이상 논의할 수 없다." 이것을 가설로부터 이론으로 바꾸기 위한 증거 없이. 훅은 분명한 하락을 만들어 냈다. 그러나 뉴턴은 되 받아쳤다. 빛의 입자설 이론을 위한 그의 논쟁은 "이론의 그러싸한 결과 그리고 기본적인 가설이 아니다." 그리고 사실은 "아마도"라는 단어를 사용하기에 조심스러웠다.

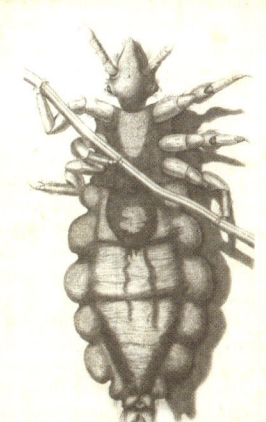

이(곤충)의 아랫면
"확대경을 통해 그린 작은 물체의 묘사."

훅의 마이크로그라피아에
나타난 이(곤충) 그림

거인들의 어깨 위에 서다

뉴턴은 하나의 반론 다음에 또다른 것을 막아냈다. 그러나 왕립학회 회장으로 논쟁들이 엄청나게 귀찮다는 것을 알았다. 뉴턴과 다른 회원들 간에 대화를 중재하는 것은 헨리 올덴버그의 일이었다. 그는 재주와 외교술의 힘으로 유명했다, 그리고 혹과의 싸움이 요란해지면서 점점 더 까다로운 뉴턴과 대응하기 위해 모든 것들이 필요하다는 것을 알았다.

뉴턴은 혹의 반론들에 의한 첫 한판을 했다. 그리고 왕립학회 실험들의 관장, 혹은 실험 논쟁에 관련된 본인 실험을 보여주고, 뉴턴의 발견에 대한 타당성을 검사하기 위한 또 다른 검사들을 하겠다고 약속했다. 그러나 거기에는 누구든지 쉽게 잊지 못할 또 다른 원인의 반대들이 있었다. 크리스챤 호이겐스는 계몽운동 위인 중의 한명이며, 네덜란드인으로 천문학, 시계제조술, 광학, 그리고 수학에서 중요한 발견을 한 사람이었다. 그도 빛의 파동이론의 옹호자였다, 그리고 혹과 같이 그가 이해하지 못한 것이 뉴턴의 가설이라고 이의를 제기하였다. 올덴버그는 호이겐스의 편지를 뉴턴에게 전달했다, 뉴턴은 불만 섞인 답장을 썼다. "당신께서, 내가 더 이상 왕립학회 회원이 될 수 없도록 주선하시기를 바란다." 그는 1673년 3월 답장을 썼다. 그는 이런 위협은 좋게 만들지 않았지만, 콜린스에게 한달 뒤 불평하는 편지를 썼다. "…나는 다른 것들에 관해서 무례함 없이 만나는 것을 바랄 수 있었다. 그래서 미래를 위해 본질의 문제들을 막기 위해 지난간 것이지만 그것을 발생시킨 회담을 거절한다면 당신이 이상하게 생각하지 않기를 바란다." 이제 그가 고민하는 다른 문제들은, 그가 연금술과 신학 연구에 푹 빠졌다, 그리고 거의 3년 동안 그로부터 아무것도 듣지 못했다.

크리스챤 호이겐스
(1629~95)

빛의 성질들

마침내 1675년 12월, 뉴턴은 왕립학회와 다시 활동할 준비를 갖추었다, 두 편의 논문을 보냈다. "빛의 성질을 설명하는 가설"은 적극적으로 "가설"용어를 포함시켰다, 빛과 물질의 본성에 대한 네 번째 결론을 준비하였다. 두번째는 "관찰들의 이야기" 그가 그의 가설을 보여주기 위해 시도한 자세한 실험들이 들어 있다. 이 논문들은 혹을 험담하는 것이 들어있다. 그가 혹이 프랑스인 제수이트 호노레 파브리를 표절하였다고 효과적으로 고발한 것이다. 혹은 열의에 불타고, 그의 마이크로그라피아를 표절한 것은 뉴턴이라고 주장했다. 뉴턴의 반응은 권위가 있었다. 혹의 연구들을 복제하는 것과는 거리가 먼, 그의 자신의 연구들은 "그가 말했던 모든 것을 파괴시키기 위해" 작용했다. 그는 호되게 더했다 "나는 혹이 내가 연구하면서 가졌던 고통들을 사용할 수 있도

마그누스 효과

뉴턴의 영재성은 낭비가 심했다. 그는 가끔씩 즉흥적으로 발견들을 했다. 1672년에 트리니티 대학에서 테니스를 하는 동료를 보면서, 그는 회전하는 공이 공기 속을 곡선으로 통과하는 신기한 현상을 기록했다. 그의 설명은 "한쪽 면의 부분에서, 운동이 합쳐져서, 반드시 누르고 두드리며 인접한 공기를 반대편보다 더 강렬하게 한다. 그리고 반대편에는 저항을 강화시켜 공기의 반응이 커진다." 재검토를 거쳤던 것이 분명하고, 같은 설명으로는 "공식적인 발견"은 1852년 하인리치 구스타프 마그누스까지 없었다.

17세기의 테니스는 현대 테니스와는 매우 다르다. 둘러싸인 건물 안에서 딱딱한 공으로 경기를 하였다.

록 허락할 것이라고 예상한다." 훅은 또 다른 전략을 시도할 것을 정하고, 그의 적수와 직접적이고 사적인 응답을 시작했다. 학회는 그런 응답들에서 극도로 존중하도록 명령하였다. 그래서 둘은 정중한 말들이 오갔다. 1676년 2월에 정점에 오르면서 뉴턴의 명백한 겸손한 최종의견에서 "데카르트가 한 것들은 좋은 발판이었다. 당신은 여러 방법으로 더 추가 시켜왔다. 내가 더 멀리 볼 수 있었다면, 이것은 내가 거인들의 어깨들 위에 서 있었기 때문이다."

어떤 뉴턴 학자들은 그는 명백하게 훅에 대한 잔인한 혹평을 목표로 했다고 생각한다. 동시대의 초상화가 존 어브레이는 그의 「중요한 삶들」에서 훅을 묘사하였다 "평균 신장, 무엇인가 꼬부라진, 창백한 얼굴, 그리고 그의 얼굴에서 아래는 작고 그러나 머리는 컸다." 다른 사람들은 뉴턴의 겸손한 문장의 원 저자가 뉴턴이 아니라는 것을 집어냈다. 그리고 그 감정은 상투적인 것이었다. 어쨌든 간에 훅은 불쾌하였다. 1676년 4월 27일 그는 마침내 왕립학회 회원들 앞에서 기다려온 뉴턴의 실험 쟁점을 복제한 것을 선보였고, 과학의 발전에 중요한 이정표를 남겼다. 가설의 실험 검증이 처음으로 재현되었으면, 이론의 위치까지 알맞게 상승시켰다.

어쨌든 1678년 올덴버그는 죽고 훅은 회장으로 격상되었다. 뉴턴은 모든 교신으로부터 제외되었고, 캠브리지에서 고립된 기간으로 운둔에 들어갔다. 어떤 가능한 모든 방법들을 사용하여 자연의 비밀들을 전보다 더 깊이 탐구하였다.

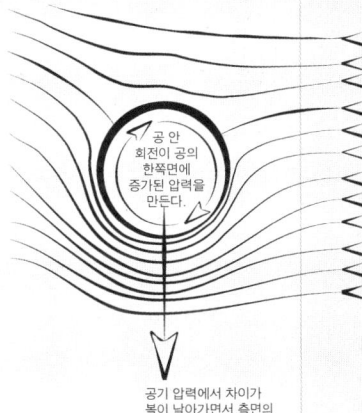

공 안 회전이 공의 한쪽면에 증가된 압력을 만든다.

공기 압력에서 차이가 볼이 날아가면서 측면의 움직임을 만들어낸다.

마그누스 효과
회전이 공기 흐름의 속도를 한쪽면에서는 상승시키고, 압력을 낮추기 때문에 베르누이 원리에 따라 압력이 작아진다.

"내가 만약 더 멀리 볼 수 있었다면, 이것은 내가 거인들의 어깨들 위에 있었기 때문이다."

- 1676년 2월 5일 뉴턴이 훅에게 쓴 편지에서

밀레니엄의 사건을 해결하는

자연에 대한 철학적 토론에 빠져드는 것에 대한 뉴턴의 커지는 반항은 꾸민것이 아니다. 1670년대 초의 대부분 시간에 그의 관심사는 다른 곳에 있었다. 트리니티 대학의 지위를 위한 종교적 요구사항들은 그가 신학연구를 조사하도록 만들었다. 그리고 이것을 통해 그가 거대한 교회들의 범죄(기독교 정신의 거대한 잘못된 해석)를 파헤쳤다고 믿었기 때문이다.

뉴턴은 깊은 신앙심을 가진 사람이었다. 그의 청교도관은 포근하며 그리고 그에게 길이었다. 그리고 성사(聖事)처럼 지식과 진실을 위한 연구를 시작했다.—자연의 비밀들을 밝히는 것은 신을 찬양하는 한 방법이었다. 성경이 신의 지혜와 목적들의 저장고처럼 자연에게도 동등한 중요성의 것으로 보인다. 그리고 뉴턴에게 신학 연구는 그의 과학 활동처럼 중요하였다. 그의 학습의 뿌리가 깊게 내려갔다. 뉴턴이 그의 양아버지로부터 책들을 물려받고 그랜섬에 있는 세이트 울프람 도서관에서 공부하고 난 다음부터 신학을 읽었다. 사실, 그가 캠브리지에 와서 산 책 10권중에서 4권은 신학서적이었다.

성직행사 마감일

트리니티 대학의 교수로 남기 위하여(루카시안 교수로 남기위한 연장으로), 뉴턴은 영국 국교회 목사로 임명되어야 하는 마감 날짜가 있었다.— 1672년까지 그는 교수로 약 4년간 그리고 다음 3년 안에 그는 명령을 받도록 되어 있었다. 이 때 그는 새 노트를 시작하였다. 그의 평상시 형태의 제목을 가지고, 그러나 웨스트폴에 따르면

"제목들의 리스트들은 나무랄데 없는 그리스 정교를 섬기는 동안, 뉴턴의 제목아래 목록들은 일부 교리들 제안하였다. 그를 그리스 정교로부터 꺼내올 천성적이 능력이 나타났으며, 그를 매료시키기 시작했다."

그후 몇년 동안 그는 심도있는 신학 독서 프로그램을 수행했다. 그러나 한가지 주제에 관심을 가졌다. 예수와 신의 관계, 교회의 초기 역사에서 수용된 정통 교리에 따르면, 예수와 신(성령)은 하나였다. 그리고 동시에, 세가지가 하나인, 성삼위일체이다. 그러나 뉴턴에게 이 주장은 이론적 배경과 성경의 증거로부터 틀리게 알려졌다. 예수는 인간보다 더 위대할 수 있다. 그러나 그는 완전하게 신처럼 성스럽게 될 수 없다.

성 삼위일체의 소름끼치는 묘사
신과 하느님이 그 아들을 떠받치고 있다, 성령은 그의 어깨 위에 위치한 비둘기로 형태를 띠고 있다.

최종적인 우상 숭배

그가 더 연구할수록, 그는 초기 교회의 유산을 타락시키기 위한 거대한 거짓말이 있었다는 것과 성서 내용이 삼위일체설 (Trinitarianism)을 지지하기 위하여 원본이 개악되었다는 것에 더욱 설득되었다. 교회의 역사와 성서의 발전에 깊이 연구하여, 그는 4세기까지의 개악된 창세기 그리고 아리우스(삼위일체를 부정한 사람) 위에 아타나시오스(삼위일체를 믿는 사람)의 승리를 정확히 찾아내었다. 이때부터 그는 아리우스파로 알려진 이단교의 추종자가 되었다. 삼위일체를 부인하였다. 그의 눈에는 그리스도가 신으로 숭배되는 것은 우상숭배라는 점에서 전통적인 카톨릭/영국국교의 교리는 가장 기본적인 죄악이라고 보았다.

만약 그가 옳다면, 성변화(聖變化)[7]의 교리와 성찬식의 의식이 크게 왜곡되었다. "만약 성변화가 없었다면 이교도 우상숭배는 로마 카톨릭처럼 그렇게 나쁘지 않았을 것이다."라고 그는 1670년대에 이렇게 썼다. 그는 자신이 천년왕국의 범죄를 파헤쳐냈다고 느꼈다. 그리고 웨스트폴이 지적하기를 "왜 뉴턴이 광학이나 수학과 같은 작은 분야로부터의 방해에 참을 수 없었는지 이해할 수 있다. 그는 전체 유럽 문명의 전통 중앙을 재해석하는 작업에 전념하였다."

아타나시오스 (c.296~373)
삼위일체 교리를 반포한 핵심 인물로 "수도자들의 아버지"라는 칭호를 획득하였다.

> **"그가 세상에 내려 보낸것은 신의 아들이지 우리를 위해 고통받는 사람이 아니다. 우리의 구세주에 그런 인간이 있었다면, 12사도들에 의해 완전히 빠져버리게 된다는 것은 일어나기에 너무 큰 결과일 것이다.**

– 뉴턴의 "아리우스파 그리스도에 대한 논쟁과 12 요점" c.1674로 부터

7)성변화(聖變化) : 성체 성사에서 빵과 포도주의 형상은 그대로이나 본질은 예수의 살과 피로 완전히 실체화한다는 설

아리우스파의 학설은 뉴턴의 다가오는 성직수임에 큰 문제를 제기하였다. 그가 삼위일체에 신념을 두고 있는 "영국국교의 신앙 39개조"를 수용한다고 선서하도록 강요된다는 측면 때문이다. 사실은 그는 벌써 효율적으로 4번을 했었다.— 그가 1665년 학사를 받았을 때, 1668년 석사를 받았을 때, 1667년 연구원에 임용될 때 그리고 1669년 교수에 임용될 때했다. 그러나 지금 양심의 한계를 시험받고 있었다.

그는 왕으로부터 왕립 면제권을 받으면서 이 문제를 총알이 스쳐지나가듯 피해갔는데, 이것은 왕립 성직자가 된 그의 옛 스승 아이작 베로우의 좋은 자리의 덕이었다. 그는 성품식 수행으로 부터 면제받고 루카시안 교수지위를 이어갈 수 있었다. 이제 그는 다른 무엇들보다 그를 사로잡았던 연구에 그의 모든 에너지를 자유롭게 쏟아 부을수 있었다. 그것은 바로 연금술이었다.

CHAPTER FOUR

불 옆의 철학자

연금술의 도입

연금술은 물질에 대한 과학이자 예술이며 정신적인 변형이다. 가장 유명한 또는 악명 높은 목적은 철학자의 돌과 불멸의 명약을 만드는 것이었다. 그러나 뉴턴과 같은 많은 숙련자들에게는 그런 것은 고대사람들이 자연을 이해하고 조정했던, 오랫동안 잊혀졌던 체계인 주술적인 지식의 재발견에 비하면 한낱 부수적인 것일뿐이라고 생각했다.

연금술은 일종의 마술과 같은 화학으로 잘 알려져 있는데, 많은 놀라운 힘과 성질을 지닌 '철학자의 돌(현자의 돌)'이라고 불리는 마법의 물질을 만들어내는 것을 목적으로 했으며 그중 가장 중요한 것은 납과 같은 비금속을 금으로 바꾸는 것이었다. 연금술사의 또 다른 목적은 생명의 명약이라고 불리는 특이한 혼합물을 만들어내는 것으로 그것을 마시는 사람에게 영생을 주는 것이었다.

이 목적을 달성하기 위해 연금술사들은 수은, 철, 산과 백 가지의 다른 이국적인 화합물들이 조합된 가루와 약을 용광로와 도가니 그리고 증류기(유리나 구리 그릇)에서 혼합, 가열, 분해, 증류하였다. 그러나 연금술은 화학의 언어보다는 이상한 이름과 불분명한 기호, 비유 그리고 암호를 사용하였다. 연금술사들은 비밀리에 일렀고 연구결과를 선택된 소수와만 공유했으며 주술적인 지식의 세계로 들어가는 시초를 만들었다.

간략한 연금술의 역사

연금술의 기원은 문명화의 시작까지 거슬러 올라간다고 주장되고 있고 고대의 혈통에 대한 그러한 주장은 연금술 연구의 중심이 되어왔다. 연금술적 지식의 창시자들은 모세, 솔로몬 같은 인물들과 그리스, 이집트의 신인 헤르메스와 이시스로 일컬어 진다. 사실 연금술로 알려진 실험들의 모음들은 대부분 2세기에서 4세기 사이에 알렉산드리아에서 발달하였다

토마스 아퀴나스는 연금술에 관한 몇 개의 논문을 썼으며 연금술로 만들어진 금은 진짜 금과 틀림없이 똑같다고 결론내렸다.

(중국와 인도에도 독립적으로 동시에 존재했던 오랜 전통). 나중에 훨씬 더 오래된 기원으로 알려진, 그리스와 이집트 신성과 전설적인 영웅들을 결합시킨 신화적인 반신 인물인 "세 번 위대한 자 헤르메스" 같은 글들이 쓰여졌다. 이 작품에 나타난 지혜는 "연금술"로 알려지게 되었다. 적어도 연금술적 전통은 실제적인 가르침을 중요시하는 만큼이나 철학적이고 정신적인 비밀스러움을 포함하고 있었다.

연금술의 전통은 이슬람 세계로 수용되고 퍼져나가 암흑기 동안 보존되고 중세와 르네상스 기간 동안 다시 유럽으로 돌아왔다. 이슬람 연금술사들은 철학자의 돌과 생명의 명약과 같은 개념들을 동양적인 기원으로부터 발견했으며 서구 전통속으로 그것을 도입하였다. 토마스 아퀴나스, 로저 베이컨, 아그리파, 파라셀수스 그리고 이와 같은 중세와 초기 현대 유럽의 많은 위대한 학자들이 연금술과 관련되었으며 주술적인 기술의 대가로 불렸다. 그들은 놀라운

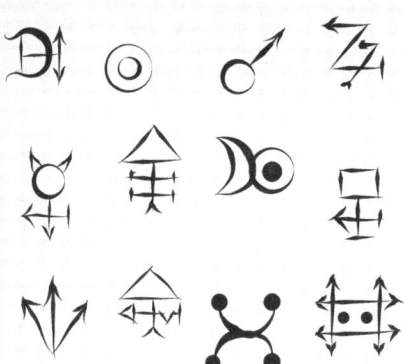

위 : 연금술사들이 사용
하던 화학 원소를 나타
내는 비밀기호

오른쪽 : 연금술사인 파라셀수
스의 초상화, 1567년
Astronomica et
Astrologica 책으로부터

자동장치를 만들어냈다고 일컬어졌으며 연금술 기
술로 날씨를 조종할 수 있다고 알려졌다.

17세기까지 전 유럽에서 이러한 학자들이 서로의 생각과 책, 소문과
주장을 교환하는 비공식적인 네트워크가 있었다. 이 네트워크가 알려지
자 어떤 사람들은 그것을 보이지 않는 대학이라고 이름 지었고 어떤 이들
은 '장미십자회원'이라는 새로운 조직의 도래를 선언하는 글을 쓰기도 했
다. 왕립 학회와 같은 과학 단체들은 그들의 기원의 일부를 주술적인 사
회 그리고 연금술을 연구했던 뉴턴의 가장 저명한 동시대인들로 추측하
기도 한다.

비굴한 망상

연금술은 저속하고 평판이 좋지 못한 면을 가지고 있었다. 19세기 역
사학자 찰스 맥케이는 연금술을 "비굴한 망상"이라고 일축했다. 연금술은
마법, 신성모독적이고 불법적인 실험과 관련되어 있을 뿐만 아니라 오랫
동안 야바위꾼으로 알려진, 부주의한 사람들을 무한한 황금에 대한 약속
으로 속이는 사기꾼과 악당들의 피난처가 되어왔다. 그동안 연금술을 시
행했던 많은 사람들이 그들의 망상에 의해 재산과 심지어는 정신을 잃고
파멸에 이르렀다. 그러나 뉴턴은 자기 자신은 단순한 아마추어 화학자와
다르다고 생각했다.

> "…자연으로 가는 과정은…변화로 인해
> 즐거운 듯 하다." – 뉴턴, 광학, 1706년

쓸데없는 심부름

뉴턴은 연금술이 철학자들의 무덤이
될 수도 있으며 파멸로 가는 확실한
길임을 매우 잘 알고 있었다. 1692
년 그의 친구 존 로크에게 쓴 편지에
서 그는 납을 금으로 바꾸는 방법을
완성했다고 생각하는 불행한 운명의
무리에 대해 묘사했다.

"… 나는 전에 런던에서 이 일을 하는
한 무리의 사람에 대해 들었는데…
내가 그들에 대해 알아보니 그중 두
명은 생계 수단으로 어쩔수 없이 다
른 사람들과 함께 하게 되었으며 우
두머리 기술자인 세 번째 사람은 빚
이 너무 많아서 살기 위해 야단 법석
이었다. 이러한 결과로 나는 이 신사
들이 그 일을 성공시키지 못했다고
생각했다."

신성한 탐구

진지하고 철학적인 연금술사들이 그렇게 알려진 바와 같이 뉴턴은 자신을 "불 옆의 철학자"라고 생각했다. 그의 연금술은 납을 금으로 변화시키는 기본 유물론으로 힘을 쫓는 사악한 탐색과는 거의 공통점이 없었으며 추잡한 일확천금의 책략이나 야바위꾼의 숨은 재주와는 완전히 달랐다. 대신 그것은 순수한 마음에 대한 고귀한 추구이며 신성한 진리와 더 완벽한 신의 작품에 대한 지식의 탐구였다.

뉴 턴에게 연금술의 진정한 목적은 이기적으로 금을 쫓는 것과는 거리가 멀었다. 그것은 궁극적인 진리, 역사적으로 우세한 관점에 따라 인류가 한때 가지고 있었지만 잃어버린 지식에 대한 탐색이었다.

신성한 지식

오늘날 인간성이 발전하고 있고 지식의 역사가 지속적으로 진보하고 있다는 지식에 대한 근거없는 믿음이 팽배해 있다. 뉴턴의 시대에는 그 반대였다. 신에게 가까이 가는 초기 문명이 가장 완벽한 지혜로써 최고로 완벽하고 완전했었다고 여겨졌다. 이 근원적이고 완벽한 지혜는 신성한 지식, 깨끗한 고대의 지혜로 알려져 있었으며 고대인들이 가지고 있었으나 시대가 지남에 따라 인간성이 몰락하면서 잃어버린 것으로 알려졌다.

그러나 신성한 지식의 비밀은 모호함을 꿰뚫어 볼 수 있는 사람들에게는 자연세계에 암호화되어 접근가능하다고 여겨졌다. 존 메이나드 키네스에 따르면 뉴턴은 "자연은 전능한 존재에 의해 만들어진 암호라고 여겼다."고 했다. 연금술을 통해서 그는 그것을 해독하려 했다.

자아도취에 빠진

많은 사람들이 이미 시도했다. 많은 독서를 통해 뉴턴은 앞선 학자들의 노력을 잘 알았으며, 그들의 실패에 궁극적으로 기록된 매우 비유적인 언어로 된 단서와 힌트를 해독하여 꿈을 이루기 위해 점점 가까이 갔다. 이제 뉴턴이 바톤을 물려받아 그의 허영심과 야망을 만족시킬 탐구를 시작하려고 했다.

위대한 정신을 가진 세대가 실패한 데서, 그는 스스로 특별한 빛을 받고 있다고 여겼기 때문에 성

뉴턴이 만든 철학자의 돌 그림의 사본, 전형적인 연금술들으로 주석이 달려있다. 천문학적이고 마술적인 기호들이 각 원의 테두리를 장식하고 있으며 각각 성별과 유머를 부여받고 있다.

여성적, 우울증
여성적, 우울증
여성적, 무기력함
여성적, 무기력함
남성적, 화를 잘냄
남성적, 낙관적
남성적, 낙관적

공하고자 했다. 그는 이 일이 신에 의해 그에게 운명지어진 것으로 믿었으며 "첫 순간의 임무"라고 불렀다. 그가 크리스마스에 태어난 것이 우연이 아니라고 믿었을 수도 있다. 연금술 논문을 쓸 때 사용했던 가명인 Jeova Sanctus Unus는 "하나의 신성한 신"으로 번역되며 라틴어로 쓴 그의 이름의 철자순서를 바꾼 것으로 그의 자만심의 정도를 언뜻 보여주는 것이다.

현대 화학실험실의 많은 장비들이 중세와 초기 현대 연금술사들로부터 유래했으며 그들은 플라스크, 비커, 증류기와 도가니 등을 그들의 연구에 사용하였다.

순수한 마음

뉴턴은 다른 이유에서 자신이 그 일에 잘 맞다고 믿었다. 그는 연금술을 고결하고 고귀한 노력으로 보았다. "이익과 교화를 추구하는 경향이 있는 철학은 그 영역이 신을 영광되게 하는 것이며 인간이 어떻게 잘 사는지 가르치는 것이다…." 바르고 타락하지 않은 사람에 의해서만 성공할 수 있는 일이다. 성공하기 위해서 연금술사들은 순수한 의도를 가지고 일련의 물리적 정신적인 순수화 과정(이것은 식이요법, 기도, 목욕재계까지 이른다.)을 통과해야 하며 엄격하고 긴 실험과정을 기꺼이 겪어야 한다. 비교할 수 없는 실험에 대한 강한 집중과 열정의 능력을 지닌, 순결할 정도로 독실하고 자제하는 사람으로서, 뉴턴은 연금술 전문가로서 보이지 않는 대학에 들어갈 아마 가장 완벽한 지원자였다.

"철학자의 돌을 찾는 사람들은 스스로의 룰에 의하여 엄격하고
종교적인 삶을 살아야만 한다. 그 연구는 실험의 수확이다."

– 뉴턴이 존 콘듀이트에게

뉴턴의 시작

뉴턴의 화학에 대한 관심은 염료와 색깔에 대한 어른 시절의 환상과 청소년기의 약제상에서의 견습활동으로 거슬러 올라갈 수 있다. 그러나 연금술은 차원이 달랐고 그는 하틀립 서클이라는 비밀스런 모임을 소개해 준 중요한 몇 멘토들 덕분에 신비한 전통에 대한 연구를 시작하게 되었다.

클락, 그랜덤 약재상과 함께 일하며 더 정교하게 발전시킨, 베이트로부터 복사한 염료와 치료법에 관한 설명이 적힌 청소년기 노트는 실험 방법과 공식에 관한 그의 이른 재능을 증명한다. 그러나 그가 다른 종류의 화학을 접한 것은 아마도 클락의 매부인 험프리 바빙턴과 킹스 스쿨 졸업생으로 캠브리지의 뛰어난 자연 철학자이자 연금술사가 된 헨리 모어 덕분이었다. 아마 뉴턴은 이 그랜덤—캠브리지의 지식인 집단의 관심을 끌었고 그의 천재적인 재능덕분에 그들은 비밀스런 지식을 추구하는 긴 여정을 함께할 재능과 의지를 지닌 젊은이를 한눈에 알아보았을 것이다. 캠프리지에서 주술적 예술에 대한 뉴턴의 교육은 계속되었고 또다른 전문가인 아이작 바로우의 영향을 받기에 이르렀다.

화학 용어 목록

뉴턴은 다른 주제에 접근하듯이 연금술에 접근했다. 그는 폭넓은 독서를 시작했고 항목을 만들고 메모를 해가며 그가 읽은 것에 의문을 가졌다. 1666년에 그는 로버트 보일의 화학을 좀 더 과학적인 기반에서 연구하기 시작한 획기적인 책인 『*회의적인 화학자*』에 영감을 얻어, 화학 용어를 번역하기 시작했다. 왕립학회의 설립멤버 중 한 명이자 새로운 실험 철학의 지지자인 보일은 뉴턴에게 과학과 연금술 양쪽면에서 큰 영향을 주었다. 1675년에 그들은 만났으며 친구이자 동료가 되었다. 전통적인 표제 중에서 "혼합물", "도가니", "추출"과 같은 것들은 연금술로부터 들어온 것이다. 예를 들면 "menstruum peracutum"은 보일의 금을 용해시키는 물질의 제조법이었다. 많은 연금술의 용어들이 표제가 되었다. 아마도 뉴턴은 논란이 될 영역을 침범했음을 스스로 알고 있었을 것이며 논문에 흔적을 남기려 하지 않았다. 나중에 용어 목록으로 들어온 것들은 '흔한 금을 이용한 일'과 같이 더 대담했다.

연금술사
선구적인 실험학자이며 왕립학회의 설립자 중 한명인 로버트 보일(1627~91)은 뉴턴에게 깊은 영향을 주었다.

하틀립 서클

1688년부터 1670년대 후반까지 뉴턴의 인생에는 설명되지 않은 몇 가지 일화가 있다. 그는 여러 번 런던을 방문했으나 누구를 왜 방문했는지는 기록에 남아있지 않다. 또한 그는 시골에서 이름없는 "친구들"과 시간을 보내기도 했다.

뉴턴은 출처가 불분명한 연금술 원고들을 주기적으로 받았다고 알려져 있다. 그가 원고에 남긴 메모에는 "F씨"같은 암호와 같은 이니셜을 썼다. 이 알 수 없는 "F씨"는 보일과 같은 하틀립 서클(뉴턴이 연금술 실험을 시작했을 때 사망한 폴란드계 프러시아인인 사무엘 하틀립을 중심으로 생겨난 연금술 연구 그룹)의 동료이자 연금술사인 이제킬 폭스크로프트라고 여겨진다.

하틀립 서클은 마술적인 연금술적 접근과 데카르트외 학자들의 이성적인 새로운 역학적 철학적 접근법을 결합시키려고 시도하였다. 보일의 1666년 책인 형태와 성질의 기원은 이러한 노력의 진수를 모은 것이며 뉴턴은 순식간에 독파하였다.

뉴턴은 적어도 비공식적으로는 하틀립 서클에 가입되었으며 그가 중력과 다른 법칙에 관한 이론을 만드는데 중요한 역할을 한 개념들을 받아들이며 회원들과 시간을 보냈다. 연금술과 과학을 결합시키려는 하틀립 서클의 목적을 달성한 사람은 결국 바로 뉴턴이었다.

> "M.S로부터 수집. F씨와 W.S를 통해 연락함. 1670과 F씨에 의해 나에게 1675."
>
> – 뉴턴이 "Manna"라고 불렀던 연금술 원고에 적힌 암호와 같은 메모

스스로 투여

공식을 만들 때 뉴턴은 자기치료(다른 일에 수반되는 정도의 우울증)를 애호했다. 그의 오랜 룸메이트인 위킨스는 "그는 가끔 스스로 폐결핵이 아닐까 의심했으며 스스로 만든 약인 Lucatellus Balsam을 사용했으며 가끔 1/4 파인트 정도의 양을 녹여 마시곤 했다."고 회상했다.

실험실에서

일단 뉴턴의 마음 속에 불길이 당겨지자 그것은 밝게 타올랐다. 그는 연금술 작업에 몰입했다. 먼저 읽고 메모를 했으며 1669년경에 활동적인 실험 기간에 접어 들었다. 그는 캠브리지의 그의 방에 실험실을 만들었으며 처음에는 존 위킨슨을 나중에는 험프리 뉴턴을 조수로 하여 도가니와 증류기를 가지고 오랜 시간 동안 열심히 노력했다.

뉴턴은 단순한 애호가가 아니었다. 그는 건강과 정신이 위험할 정도로 열심히 자신을 연금술 연구에 쏟아부었다. 광학과 그 밖에 자연철학의 주제에 관해 그와 논쟁하고 싶어하는 사람들에게 참지 못하고 편지를 쓴 것은, 그의 모든 주의를 비밀스런 연구에 집중시키고 있었기 때문이었다. 뉴턴 연금술의 뛰어난 학자인 베티 조 티터 돕스에 따르면 "각각의 간략하고 암호 같은 실험 보고서들은 그 자체로 손수만든 벽돌 화로, 도가니, 막자사발과 절구공이, 증류기, 석탄불과 함께 보낸 시간을 보여준다. 실험과정은 때로는 몇 주, 몇 달 심지어는 몇 년이 걸렸다."고 했다.

기계를 설치하다

1669년에 뉴턴은 연금술 연구에 앞서 장비를 갖출 목적으로 처음으로 런던을 방문하였다. 그는 책을 파는 상인들과 연락하여 거대한 수집물의 씨앗이 될 연금술에 관한 연구물을 사들였다. 그가 죽은 후, 그가 소유했던 거대한 도서관 같은 책들 중에서 169권은 연금술과 화학에 관한 것이었다. 아이작 뉴턴의 전기작가인 마이클 와이트는 「마지막 마법사」에서 "뉴턴은 그가 살던 시대까지 누적된 가장 훌륭하고 광범위한 연금술 저술들을 수집했다고 알려져있다."고 했다.

실험실의 쥐

처음에 뉴턴은 위킨슨과 함께 사용하던 방에 실험실을 만들었다. 1673년에 둘은 헛간이 붙어있는 새로운 방으로 이사했고 뉴턴은 그곳이 "연금술을 위해 바쳐진 실험실"이 되기를 요구했다. 나중에 그의 조수가 된 험프리 뉴턴은 다음과 같이 묘사했다. "예배당의 동쪽 끝 근처에, 정원 끝의 왼쪽에 그가 정해진 시간에 대단히 만족하고 즐거워하며 일했던 실험실이 있었다." 그가 회상하기를 거기에는 … 화학 물질, 물체들, 수신기, 난로망, 도가니, 금속을 녹이는 도가니를 빼고는 잘 쓰이지 않았지만, 등이 잘 갖추어져 있었다. 그는 가끔 그의 실험실에서 곰팡이 슨 책을 들여다 보았는데 책 제목은 Agricola de Metallis(금속의 변화)였던 것으로 생

"…그의 목표는 인간의 기술과 근면성이 도달할 수 있는 범위 너머의 어떤 것을 목표로 했다…"

– 험프리 뉴턴

이른 백발

뉴턴은 가발을 쓰지 않은 그의 머리도 눈에 띄곤 했는데 일찍부터 백발이 되었다. 그의 전 룸메이트이자 실험 조수인 위킨스의 아들은 다음과 같이 회상하였다. "그는 30대에 백발이 되었는데 나의 아버지는 그가 너무 정신을 집중해서 일한 효과라고 했다. 그는 그가 수은을 가지고 자주 실험했기 때문에 머리 색깔이 닮았다고 농담을 하곤 했다." 실제로는 수은 때문에 고생하고 나서야 수은의 사용이 농담거리가 아님을 알게 되었다.

젊은 시절에 자주 그랬듯이 가발을 쓰지 않은 모습의 뉴턴의 후기 그림

각되며, 안티몬 원소가 중요한 재료라는 핵심적인 구상을 하게 되었다.

험프리 뉴턴은 특히 그의 혹독한 노동강도에 충격을 받았는데 "그는 거의 2, 3시까지, 가끔은 5, 6시까지 거의 잠을 자지 않았고 4~5시간 정도만 잠을 잤다. 특히 그가 6주 동안 실험실에서 지내는 봄, 가을에는 밤이고 낮이고 불이 거의 꺼지지 않았다. 그가 하룻밤을 새고, 나는 그의 가장 정확하고 엄격하며, 정밀한 화학 실험이 끝날 때까지 또 하룻밤을 새는 일이 계속 반복되었다. 나는 그 시간 동안 그의 고통과 근면성 밖에 꿰뚫어 볼 수 없었지만, 그는 아마 인간의 기술과 근면성이 도달할 수 없는 그 너머의 무엇인가를 목표로 하고 있는 것 같았다."라고 했다.

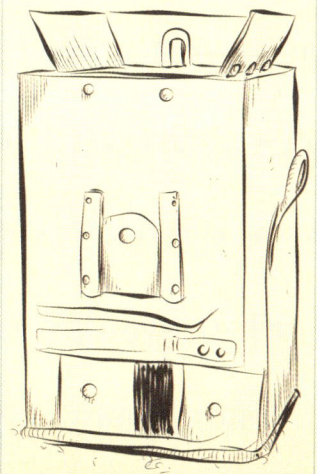

성실한 연구를 통해 튼튼한 용광로의 설계와 제작에 전문가가 되었다.

과학적인 마법사들

또 한 번 뉴턴은 그의 방대한 지식이 나타나 있는 그의 기록으로 돌아와 그의 생각을 정리하고 좀 더 큰 구조를 개념화했다. 항상 그는 내재된 법칙과 단일화된 원리를 찾고 있었다. 그의 관심을 최근에서야 해독된 암호로 기록한다는 것을 제외하고는 연금술도 다를 바가 없었다.

비교적 최근까지 뉴턴의 연금술 연구는 으뜸가는 전형적인 과학자로서의 명성에 오점을 남기는 당혹스러운 것으로 여겨졌으며 연금술의 수행은 과학과, 뉴턴의 생애에 걸친 연구와 근본적으로 상충되는 기본적인 특성이 있다는 타당한 이유가 있었다. 그것은 선험적인 가정과 법칙(다른 말로, 진술이나 명제가 시험이나 증명되지 않더라도 사실로 간주되는 것, 예를 들어 4가지 기본 원소가 있다는 가정이나 금속과 황도 12궁의 기호에 대응성이 존재한다는 믿음)을 기반으로 한다. 연금술의 과정, 기술과 실험(만약 그렇게 부를 수 있다면)은 실험자의 정신적이고 영적인 상태와 같은 주관적인 변인을 강조하여, 예들 들어 실험자가 충분히 순수하지 못한 정신 상태이면 실험이 실패할 수 있다고 여겨졌다. 마이클 와이트에 따르면 "연금술이 그것을 대체한 정통 화학과 구별되는 점이, 바로 다른 어느 것도 아닌 이 개념이다."라고 했다.

기술과 정량과 같은 결과와 실험의 세부내용을 공유하여, 과학에서처럼 다른 사람들이 그것을 검증, 비판, 되풀이 할 수 있게 하기보다는 연금술사들은 비유와 암호화를 통해 결과와 기술을 숨겼다. 사실 연금술 논문은 반복가능성의 반대인 실험자와 실험의 개인주의를 강조하였다. 결국 연금술사들은 그들의 기술을 공식화하거나 지식을 일관성 있는 이론의 체계로 모으는 것에 저항하였다.

평범하지 않은 연금술사

그러나 뉴턴은 평범한 연금술사가 아니었다. 그는 실험을 주의 깊게 기록하고 자명한 이론을 만들어 내기 위해 방대한 독서를 하고 그 내용을 통합하려는 시도를 하면서 "일"에 다르게 접근하였다. 웨스트 폴은 "언제나 구체적인 사실로부터 일반화를 얻어내려고 노력했으며 뉴턴은 그가 읽은 무수한 증거를 하나의 올바른 과정으로 압축하는 일을 즉시 시작했다."라고 했다. 그는 참고문헌 목록과 함께 47개의 연금술의 자명한 공리의 목록을 만들었다. 그는 같은 물질과 과정을 나타내는 비유와 이미지를 모았다. 때때로 그는 50개의 서로 다른 설명의 목록을 만들기도 했다. 결국 "비

"산화마그네슘 또는 녹색 사자(수은)에 관련하여. 그것은 프로메테우스와 카멜레온, 또 양성인 그리고 태양과 달이 아버지와 어머니지만 절대 태양광선이 비치치 않는 초기 그대로의 녹색 지구…라고 불렀다."

— 뉴턴의 "index Chemicus(화학 색인)"에서, 1680년

과학적인" 연금술의 언어는 궁극의 과학적인 자연의 모형을 만드는 개념
적인 기초를 그에게 제공하였다. 그러나 그동안 그는 그러한 언어를 사용
하여 만들어진, 연금술에 관한 수수께끼 같은 다양한 특수용어와 비유를
뒤죽박죽 섞어놓은 글과 같은 결과물에 만족스러워 했다. 예를 들어 한 구
절에서 뉴턴은 "태양이 잠겨 경이롭고 반짝이는 물"은 전설적인 철학자의
돌을 만드는 과정의 첫 번째 단계인 금("태양")을 녹이기 위해 수은("반짝
이는 물")과 같은 금속의 사용을 가리키는 것으로 해석된다.

"태양이 잠겨 경이롭게
반짝이는 물"

불속에서 그가 잃어버린 것

그의 연구에 가장 큰 타격은 1677~8년 겨울, 뉴턴이 드물게 대학교
부속 예배당을 방문하면서 실험실에서 발생한 큰 화재였다. 그의 실험실
이 완전히 파괴되지는 않았지만 그가 연구하고 있던 많은 논문들이 손실
되었다. 스터클리에 따르면 소실된 연구 중 하나는 Principia Chemicum(
화학 프린키피아)에 못지 않았는데, 뉴턴은 "실험적, 수학적인 증거에 대
한 신비한 기술의 원리를 설명했으며 그는 그것을 매우 중요하게 여겼다.
그러나 불행하게도 실험실에서 우연한 화재로 타서 없어졌다. 그는 그 연
구를 다시 하려 하지 않았으며 손실을 매우 유감스럽게 생각했다."

다른 권위자들은 소실된 연구는 광학의 초기버전이었다고 주장한다.
험프리 뉴턴이 확신하지는 않지만 "그의 광학이 불에 타 소실되어서 그것
에 대해 아는 것이 없지만 다른 사람들에게 듣기에 그 사고는 프린키피아
를 쓰기 전에 일어났다."고 했다.

1677년 겨울 화재에 중요한 논문
들이 소실되었을 때 뉴턴의 서재
의 모습에 대한 상상

레귤러스 별을 찾아서

그의 조수인 위킨슨이 무거운 "주전자"를 들어 무게는 대중하고 용광로에 불을 때고 기록을 하는 동안, 뉴튼은 연금술사들이 가장 선호하는 물질인 수은의 화학을 연구하는 일에 착수했다. 그러나 이 일은 궁극적으로 실망스러운 것으로 판명되었으며 그가 더 훌륭한 성공을 이룬 것은 희귀한 결정의 형태인 "레귤러스 별"이라는 안티몬 금속이었다.

아리스토텔레스로부터 연금술사들은 모든 물질들이 4가지 기본 원소로 그 비율만 다르게 구성되어 있으므로 서로 변화될 수 있다는 이론을 발전시켜 왔다. 원자론을 옹호했던 뉴튼은 아리스토텔레스의 기본원소에 대한 주장을 반박했으나 "자연의 진행방향은…변화를 즐기는 듯하다."라고 저술하면서 물질의 변화 가능성에 대한 기본적인 믿음을 같이 하였다.

첫 번째 물질

모든 물질들 중 가장 놀라운 변화가 가능한 것은 수은으로 연금술사들은 마법에 가까운 성질을 지니고 있다고 여겼다. 상온에서 유일하게 액체 상태인 금속으로 금을 녹일 수 있고 나중에 다시 복원될 수 있었다. 뉴턴은 그 변화무쌍한 성질을 다음과 같이 서술하였다.

"수은은 때로는 단단하고 깨지기 쉬운 금속의 형태를 보이며 때로는 머큐리어스 둘시스라고 불리며 무미, 투명, 휘발성 있는 백토의 형태를 띄기도 하고, 붉거나 흰색 앙금의 형태나 액체염의 형태를 띄기도 하며, 증류에 의해 증기로 변해 진공속에 떠돌기도 하고 불처럼 빛나기도 한다. 결국 이러한 모든 변화로부터 처음 형태인 수은의 형태로 되돌아 온다."

연금술사로서 뉴턴은, 수은을 불순물이 제거되어야만 나타나는 물질의 핵심이자 진수인 기본적인 물질, 첫 번째 물질로 간주했다. 그는 철학자의 돌을 만드는데 필수적인 특별하고 신비한 형태의 물질인 "철학자의 수은"을 얻을 희망으로 지치지 않고 일했다.

뉴턴은 보일의 수은 실험을 자신의 출발점으로 삼았다. 예를 들면 1692년에 그는 친구이자 동료 연금술사인 존 로크에게 다음과 같은 편지를 썼다. "첫 번째 실험에서 수은을 금과 함께 가열하는 보일의 제법이 적힌 여백에, 나는 이 제조법이 그가 수 년전에 출판한 내용의 기초가 되었다는 정보를 수집하였다. 이 제조법으로, 금을 증가시킬 수 있다는 사실이 아니라 수은의 색깔과 성질이 변할 수 있다는 사실에 만족했다…"

그는 질산에 수은을 녹여 납 조각을 첨가하였다. 그는 산, 수은 그리고 주석을 혼합하였다. 그는 구리를 더하여 청색 용액을 만들었다. 그는 물질을 가열, 증류 그리고 침전시켰다. 그는 항상 은색 금속성의 침전물인 처음 상태로 되돌아와 그것이 변하지 않은 수은일 뿐임을 증명하려 했다. 뉴턴에게는 단순한 수은화합물을 만드는 과정이었으며 보통 금속으로 되돌아오는 과정일 뿐임이 분명했다. 실망한 그는 새로운 목표로 돌아섰다.

가장 중요하고 신비스러운 연금술 물질인 수은의 기호

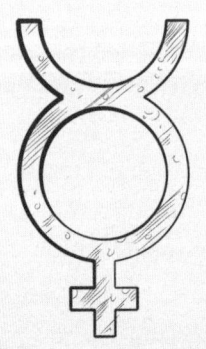

바실리우스 발렌티누스의 책의 인쇄
이와 같은 생명체들은 연금술 물질과 과정에 대한 비유적인 상징이었다.

화성의 레귤러스(철 안티몬 합금)

뉴턴은 다음 목표는 '작은 왕'이라는 라틴어에서 유래한 '레귤러스'라고 불리는 화합물의 결정을 만드는 것이었다. 철과 결합된 금속 안티몬의 레귤러스는 중심에서부터 뻗어나가는 조각의 결정을 생성하여 레귤러스 별 또는 화성의 레귤러스라고 이름지어 졌다. 뉴턴은 이것이 매우 강력한 도구가 됨을 읽어서 알고 있었다. 예를 들어 15세기 연금술사 바실리우스 발렌티누스는 "이 별은 위대한 철학자의 돌을 포함하고 있을만큼 귀중하지는 않다. 그러나 놀라운 약이 그 속에 숨겨져 있다."고 했다.

뉴턴의 메모는 그가 이 일에 그의 모든 노력과 동원하여 엄격하고 체계적인 접근방법을 사용했음을 보여주며 훌륭한 레귤러스를 얻는데 곧 성공했음을 나타낸다. 중심에서부터 뻗어나가는 선을 가진 눈에 띄는 모양은 자연 철학에서 그의 가장 위대한 업적에 영향과 영감을 주었다.

연금술 문헌에 따른 일곱 행성을 일곱 금속의 위계질서에 대입하고 있다. 토성, 목성, 금성, 수성, 달, 태양은 각각 납, 주석, 구리, 수은, 은, 금에 대응하며 연금술사는 이런 금속이 모두 하나의 물질로 이루어졌지만 불순물 때문에 다양한 성질을 일으킨다고 믿었다.

"만약 어떤 레귤러스가 표면 가운데 너무 부풀어오르면 그것은 안티몬이 너무 많음을 보여주는 것이고 만약 평평하며 너무 적음을 보여준다. 비율이 적당할 수록 레귤러스는 더 밝고 부서지기 쉬운 상태가 되며 재(중간 단계)의 색이 어두울수록 분리되기 쉽다.... 이 작업은 최소량에서 가장 성공적이다. 만약 검고 끈적이는 물질이 생긴다면 좋지 않은 징조로 안티몬이 너무 많음을 보여준다..."

−1670, 안티몬 합금의 제조에 관한 뉴턴의 논문

유효 성분

뉴턴이 특히 관심가졌던 것 중 하나가 소수에 의해 비밀리에 전해지던 "유효성분"의 개념으로, 정신과 물질적인 세계를 연결하는 신비한 힘이며 연금술사들이 플라스크와 도가니에서 관찰하는 실험들이 일어나게 하는 것이며 심지어는 생명 자체에 생기를 불어넣는 것을 말한다. 뉴턴에게 유효성분은, 그가 실험실에서 관찰한 현상과 그가 망원경으로 본 것 사이의 간극의 연결할 수 있는 방법을 제공하곤 했다.

화성의 레귤러스의 제조는 뉴턴에게는 바로 출발점 이었다. 그가 매우 좋아했던 연금술 전문가 중에 한명이며 이레니우스 필랄레테스(진리에 대한 평화로운 추구자라는 뜻)를 가명으로 사용하는 미국 작가인 조지 스타키에 따르면, 레귤러스 별은 은이나 구리와 융합시켜 "철학자의 수은"을 만드는데 이용될 수 있으며 수은과 합하여 금을 녹일 수 있는 액체를 만들 수 있고 무성한 나뭇가지 같은 형태로 결정화 될 수 있다고 했다. 오늘 날 이 현상은 이미 존재하는 결정의 표면에서 포화용액으로부터 쉽게 결정이 생기는 것처럼, 순전히 광물의 형성으로 이해되고 있으나 그것은 명백하게 유기체와 같은 겉모습을 지니고 있다. 실험실에서 일어나는 이 특이한 현상의 관찰은 뉴턴에게 강한 인상을 주었음이 분명하며 그가 읽어오던 비밀스러운 정신을 활동하게 하였다.

보편적인 정신

연금술사들에게 단순한 물질에 대한 흥미는 제한적이었다. 그들은 물질세계는 신비한 정신적 힘에 의해 활성화 된다고 믿었으며 때때로 그것을 보편적인 정신이라고 불렀다. 신성한 기원을 갖는 이 힘은 그 스스로 변하지 않고 물질에 어떤 작용을 가할 수 있었다. 도가니 속의 화학반응에서부터 씨앗의 발아와 동물의 탄생에 이르기까지 자연의 모든 형태의 활동 뒤에는 그것이 존재했다. 뉴턴은 그것을 "식물생장과 같다"고 불렀는데 광물 속에서 나타날 때 식물과 같은 형태 때문이었다. 베티 조 티터 돕스에 따르면 "뉴턴은 그의 첫 번째 연금술 연구에서 자연세계에 존재하는 식물생장과 같은 원리의 존재에 대한 증거를 찾는데 관심을 두었는데, 그것은 그가 이해하기에, 연금술사들이 말하는, 비밀스럽고 보편적이며 생기를 불어넣는 정신에 관한 원리였다."라고 했다.

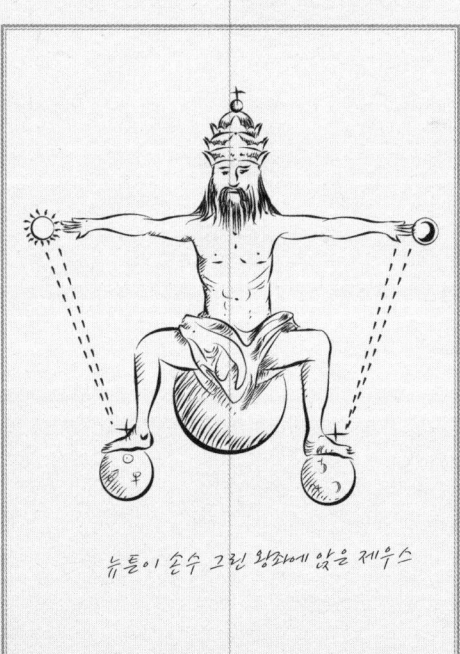

뉴턴이 손수 그린 왕좌에 앉은 제우스

식물과 같은 생장활동

1672년 경에 뉴턴은 "자연의 자명한 법칙과 생장 과정에 대해"라는 제목의 연금술 논문

"그러므로 큰 물질의 본질속에 더 섬세하고 고귀한 생장 과정이 있다..."

을 썼으며 생장 활동을 단일화된 힘으로 개념을 정립하였다. "생장은 잠재적인 정신의 유일한 효과이며 이 정신은 모든 것에서 동일하다." 그는 이 생각을 좀 더 깊이 탐구하면서 질량 전체를 동시에 통과하여 나가는 보이지 않는 힘을 생각하게 되었다.

  "그러므로 큰 물질의 본질속에 더 섬세하고 고귀한 생장 과정이 있다... 바로 이 과정이 일어나는 곳은 물질 전체 덩어리가 아니라 그 속을 퍼져 나가는 매우 미묘하고 상상할 수 없을 만큼 작은 부분이며 만약 분리될 수 있다면 활기 없고 비활성화된 흙이 남을 것이다."

유효 성분과 중력

  결국 이 개념이 뉴턴에게 중력을 설명하는 개념적인 기초를 제공할 정도로 발전하여 그는 어떤 물질이나 형태를 가진 매개체 없이 먼 거리에서 있는 물체들 사이에 서로 작용하는 힘을 주장하게 되었다. 그가 프린키피아에서 떨어진 물체 사이에 작용하는 힘인 중력의 이론이 연금술적인 기원을 가지고 있다는 암시를 하고 있는 부분, 또한 물질, 에너지, 중력과 전자기학의 단일화된 이론을 암시하는 것 같은 부분을, 위의 내용과 비교해 보자.

미래에 대한 상상

그의 연금술 원고중 하나에, 뉴턴은 왕좌에 앉은 제우스의 모습을 비유적으로 그렸는데, 그의 손가락에 있는 천상의 해와 달로부터 행성으로 가는 신비한 힘을 나타내는 선들, 그의 발에 있는 원소들이 표현되어 있다. 이것이 먼 거리에서 작용하는 불가사의한 힘인 중력의 개념을 예시한 것일까?

"우리는 이제 모든 큰 물체에 고루 퍼져 숨어있는 어떤 가장 미묘한 정신에 관련된 무엇인가를 더할 수 있을 것이다. 이 정신의 힘과 작용에 의해 물체를 이루는 알갱이들은 가까운 거리에서 서로 인력을 작용하며 만약 서로 인접해있다면 서로 긴밀히 작용한다. 그리고 전기를 띤 물체는 좀 더 먼 거리에서 작용하며 이웃하는 입자에 인력뿐 아니라 척력도 작용한다. 그리고 빛은 방출, 반사, 굴절되어 꺾이고 물체를 가열시킨다.... 그러나 이는 몇 마디로는 설명될 수 없으며 전기적이고 유연한 정신의 법칙을 확정하고 증명할 할 충분한 실험을 제공할 수 도 없다."

단서와 실천

수세기 동안 그 혜택이 알려지지 않았지만, 뉴턴의 연금술 연구는 그를 그의 가장 위대한 과학 업적으로 이끌었다. 그가 다시 그의 열정을 자연 철학에 집중시키면서, 그의 초자연적인 연구는 그 도중에 실패했을까? 사실 뉴턴은 그것을 포기하지 않았으며 그가 위기를 맞을 1690년대까지 그에 대한 실험과 독서를 계속했다.

연금술에서 자료를 수집하고 통합하여 그로부터 원리, 규칙과 법칙을 추출해내는 그의 분석과 통합에 있어서의 그의 천재성은, 상반되는 암호와 현혹적인 징후와 같은 막다른 골목에 부딪히는 엄격한 시험 과정을 직면하게 되었다. 그가 처음으로 연구한 것을 모으고자 노력중 하나는 1675년에 "클라비스" 즉 "단서"라는 제목의 논문을 쓴 것이었는데 그것은 철학자의 수은을 만드는 방법을 구체적으로 제시하였다. "클라비스"는 정확한 정량화를 비롯하여 구체적인 실험 과정을 묘사하여 어떤 독자라도 그 실험을 되풀이 할 수 있도록 함으로써, 뉴턴이 어떻게 이 마술같은 주제에 과학적인 방법으로 접근하려고 노력했는지 보여주었다.

1680년 경에 그는 "화학 인덱스"라고 불리는 책을 편찬하기 시작했는데, 그가 했던 모든 연금술 연구로부터 가져온 115개의 항목아래 그가 읽은 방대한 자료를 체계화하려는 것이었다. 그러나 이 혼란스러운 분야는 그의 통제를 벗어나 251개의 목록으로 늘어났다. 그는 그것을 간략하게 다듬고 다시 시작했다. 결국 그것은 714개의 항목으로 증가하였다.

목성을 날게 하다

종종 헛된 기대를 하기도 했다. 1681년 봄, 뉴턴은 그의 실험이 정점에 도달했다고 생각했다. 예를 들어(전형적인 비유적인 암호로 작성된) 그의 실험 기록을 주목해보면, "1681년 5월 10일, 나는 새벽에 밝은 별이 금성임을 알았고 그녀는 토성과 성령의 딸이었다…. 5월 18일 나는 이상적인 해법을 완성했다. 그것은 두 가지 동일한 염이 토성의 특징을 지니고 있다는 것이다." 그러나 이러한 발견은 별 영향이 없었다. 3년 후에 또 다른 확실한 돌파구가 있었다. "1684년 5월 23일, 나는 목성이 그의 독수리를 타고 날게 했다."그러나 이것 역시 성공적인 결과로 연결되지 못했다.

결국 뉴턴의 연금술 연구는 그의 자연 철학과 일치하게 되었으며, 공기의 성질, 에테르의 특성, 인력과 척력을 지배하는 유효 성분의 연구와 같은 그의 중력이론 연구가 결실을 맺도록 한 일련의 연구로 그를 이끌었다. 뉴턴이 비교적 자연 철학의 무대에서 보이지 않던 시기가 지난 후, 다른 이들의 요청과 그의 억누를 수 없는 호기심은 그들 다시 무대한 가운데에 서도록 유도하였다.

고대로부터 목성은 신화적인 상징주의가 깃들어 있었다. 연금술의 영역에서는 그것은 주석 원소를 상징한다.

증식

연금술에 대한 뉴턴의 흥미는, 다소 약해지긴 했지만 여기서 끝나지 않았다. 예를 들어 1692년 존 로크에게 쓴 편지에서, 그는 그가 지금까지 그랬던 것보다 더, 연금술의 핵심적이며 야심찬 "증식", 즉 금의 제조에 대해 회의를 나타냈다.

"나는 당신이 이 경솔한 제법을 시도하는 것을 말리려고 합니다. 나는 대체적으로 증식에 반대하는 말을 삼가해왔는데, 그것은 당신이 그것에 대해 너무 확신하는 듯했기 때문입니다. 그것에 반대하는 논쟁이 있긴하지만 나는 그것에 대한 대답을 찾을 수 없었고, 당신의 의견을 알려준다면 다음에 다시 당신에게 편지를 보내겠습니다."

"달 속의 사람"의 연금술적인 묘사
비유적인 그림과 언어는 연금술사들이 그들의 비밀을 초심자를 위해 보존하는데 도움을 주었다.

다음 해인 1693년 정신적, 감정적으로 큰 동요(116~17쪽)를 겪는 가운데, 뉴턴의 연금술 연구는, 오랫동안의 연구와 실험을 종합하여 "프락시스(실행에 옮기다.)"라는 제목의 문서로 만들려는 시도를 하면서 폭발 직전의 상태가 되었는데, 돕스는 이것을 그의 "연금술에서의 최고점의 저술"이라고 불렀다. 이 시기에 그가 받은 스트레스가 그 속에 나타나 있는 듯했는데, 그의 연구는 암호 속의 암호였으며, 뉴턴의 전기작가 마이클 와이트는 "순전한 일시적 정신착란과 거짓 신념을 섞어 놓은 것, 정신 이상에 가까운 사람의 연구에 지나지 않았다."라고 했다.

전형적이고 불가해한 비유 가운데 뉴턴은 증식을 성공시켰다고 주장했다. "아르테피우스는 우리에게 그의 불이 생명력을 녹여 돌에게 부여하며 폰타누스는 그들의 불이 물질과 함께 변하지는 않지만 그들의 배설물과 함께 신비의 명약으로 변하게 한다."

"당신은 각각의 돌을 4배까지 증식시킬 수 있고, 그러면 그것들이 마법에 사용되는 어둠속에서 빛나는 기름과 불이 될 것이다. 당신은 그것을 금과 함께 융합하여 하룻 동안 숙성시킨 후 금속 위에 방출할 수도 있다. 이것이 증식이다…. 각 증식 과정은 그것의 효력을 10배로 증가시킬 것이며 수은을 사용한다면…아마도 천배로 증가할 것이다. 그러므로 무한대까지 증식시킬 수 있다."

물론 이것은 말도 안되는 일이며 뉴턴은 국가의 조폐공사의 수장으로서 불법적인 "증식"을 막는 큰 기획에 참여하게 되었다.

"아르테피우스는 우리에게 그의 불이 생명력을 녹여 돌에게 부여하며 폰타누스는 그들의 불이 물질과 함께 변하지는 않지만 그들의 배설물과 함께 신비의 명약으로 변하게 한다."

CHAPTER FIVE

위대한 구상 :
뉴턴의 프린키피아

출발할 시간

1670년대 말은 뉴턴에게 상실과 고립의 시기였다. 그의 필사적인 노력에도 불구하고 어머니가 병에 걸려 사망하고, 그의 오랜 룸메이트였던 존 위킨스와의 관계도 와해되는 듯했다. 뉴턴은 어떻게 이 위기에 대처했으며 그러한 위기들은 뉴턴의 불안정한 심리에 어떤 영향을 주었을까?

1679년 5월, 뉴턴은 울즈소프로부터 어머니가 매우 아프다는 나쁜 소식을 듣게 되었다. 그의 막내아들 벤자민은 열병에 걸렸고 한나가 그를 돌보아 위험한 고비는 넘겼지만 병이 그녀에게 전염되었다. 뉴턴은 런던에서 9일 동안 체류하고 돌아오자마자 이 소식을 들었다. 그는 학교 명부에 외출 서명을 할 시간도 없이 즉시 출발했다.

내과의사 뉴턴

울즈소프에 도착하자 뉴턴은 손수 어머니를 돌보는 일을 맡았다. 그는 그가 아는 모든 치료법과 약에 대한 경험을 쏟아 부었으며 심지어는 그의 연금술 연구로부터 신비한 치료효과가 있는 어떤 비밀의 묘약을 얻을 수 있지 않을까 하는 상상을 하기도 했다. 존 콘듀이트는 수년 후에 '그는 그의 어머니 곁에서 밤을 샜으며 그녀에게 손수 약을 주고 물집이 난 곳에 붕대를 감아주며 그의 뛰어난 손재주를 발휘하였다.'라고 언급하였다. 헛되게도 그녀는 며칠 후에 사망했으며 "한나 스미스 부인…1679년 6월 4일 잠들다"라는 기록과 함께 콜스터위스의 교회에 묻혔다. 그녀는 바나바스 스미스의 미망인으로 기록되었으나 첫 번째 남편인 아이작 시니어 곁의 교회 뜰에 묻혔으며, 이것은 멸시받던 그의 의붓아버지에 대한 공허한 승리라도 얻으려는 아들의 요청에 의한 것으로 추측된다.

뉴턴은 어머니로부터 상당한 사유지를 상속받았다. 37세에 그는 부유하고 교양있는 학자가 되었다. 그는 그 후 몇 달 동안 울즈소프에 머물면서 그의 일을 정리하고 사유지를 새로운 임대인에게 이전하는 일을 처리하였으며 농작물을 경작하고 가을 추수를 감독할 정도로 충분히 오랫동안 그곳에 머물렀다. 물질적인 부는 그에게 중요한 문제가 아니었지만 뉴턴은 양심적이고 까다로우며 혹사당하는 것을 매우 싫어했다. 사유지를 정리하는 동안 그는 소송해야 할 엄청난 양의 채무가 있음을 발견했으며 열성적으로 그 일에 착수하였다. 채무자 중 한 사람이었던 에드워드 스토어러는 어린 시절 그의 룸메이트이자 약제사인 클락의 의붓아들이었으며 그의 빚은 조용히 해결되었다. 그러나 100파운드라는 큰 돈을 빌린 토드는 지불 유예기간이 얼마

뉴턴의 어머니가 안장된 콜스터위스에 있는 교회로, 그는 그가 싫어했던 바나바스 스미스가 아니라 아이작 시니어 옆에 어머니를 묻히도록 했다.

없었다. "오랫동안 돈이 준비된 척하고 나를 믿게 만들었다는 당신의 판단과는 달리 그 점에 대해서는 충고할 문제가 아니라고 생각합니다. 대체적으로 당신의 방식을 이해하고 따라서 당신을 상대로 소송을 제기합니다. 나는 더 이상 시간 낭비를 하고 싶지 않기 때문에, 만약 더 이상의 책임을 지고 싶지 않다면 빨리 돈을 지불해야 할 것입니다. 그러므로 고소를 취하시키려면 마켓 오버턴의 내 동생 메리 필킹턴에게 최대한 빨리 돈을 지불하고 채무소멸증서를 받아오기 바랍니다."

알려지지 않은 사실들

그가 어렸을 때 어머니로부터 버림받은 사실이 많은 신경증과 기능장애의 원인이 되었다는 사실과 그의 어머니의 사망이 끼친 심리학적 충격에 대한 기록은 거의 남아있지 않다. 그의 개인적인 돌봄과 많은 학식과 비밀스런 지식에도 불구하고 자신의 어머니를 구하지 못했을 때 그는 어떤 기분이었을까? 그의 심리상태는 인생에서의 또 다른 의미있는 출발이었던 존 위킨슨으로도 호전될 수 없었다.

위킨슨은 오랫동안 그의 룸메이트였으며 조수이자 유일한 동반자였으나 1679년 경 그는 점점 더 많은 시간을 대학교에서 떨어진 곳에서 보내게 되었다. 1683년에 그는 완전히 떠났으며 30년 후 성경에 대한 형식적인 연락을 제외하고는 남은 일생동안 더 이상 서로 연락하지 않았다. 그들이 헤어질 때 서로 사이가 좋지 않았을까? 둘 사이의 관계가 어떠했는지는 아직도 의문으로 남아 있다. 뉴턴이 유럽에서 가장 유명인사 중 한명이 된 후에도 위킨슨은 사실 그들의 오랜 만남에 대해 이야기할 거리가 없었다. 어떤 전기 작가들은 이 침묵을 알려지지 않은 시들해진 로맨스 또는 거절당한 열정 등으로 해석하기도 했다.

"건강하다는 소식을 들으니 기쁘고 계속 잘 지내기를 기원하네...뉴턴"

- 30년간 연락이 없다가 명백한 냉담함을 담아,
  존 위킨스에게 쓴 편지

뉴턴은 찜질제, 붕대와 약을 손수 준비했으며 약제사의 견습생으로 있을 때 배운 기술을 활용하였다.

지구 중심으로의 여행

1679년은 뉴턴에게는 어머니의 죽음, 울즈소프의 재산, 위킨슨과의 관계 단절, 연금술에 대한 집착 등 근심으로 괴로운 해였다. 그러나 그의 강적인 후크가 그를 철학적인 연구에 지속적으로 참여하도록 했고 자신도 어쩔 수 없이 뉴턴은 프린키피아를 향한 출발점이 되는 실험, 논쟁에 끌려들어가게 되었다.

1679년 11월 뉴턴은 마침내 울즈소프에서 트리니티 대학의 그의 방으로 돌아왔다. 왕립 학회의 서기인 로버트 후크로부터 온 편지가 그를 기다리고 있었다. 영국에서 가장 명석한 사람을 활용해야 하는 자신의 책임을 잊지 않았던 후크의 의도는 그의 마음을 진정시키려는 것이었다.

"의견의 차이가 있다고 하더라고 반목의 원인이 되어서는 안된다." 그는 세상의 고유한 구조에 대한 고찰을 제시하였으며 뉴턴의 유명한 업적인 프린키피아보다 5년 전에 우주가 어떻게 움직이는가에 대한 가정을 발표하였다. 후크는 태양주위를 도는 행성의 운동을 원래 움직이던 직선 운동으로부터 벗어나 당겨지면서 "중심에 있는 물체로 끌려가는 운동"으로 설명할 수 있다고 제안하였다. 이 이론은 뉴턴의 프린키피아보다 10년이나 앞섰는데도 후크는 왜 중력의 발견자로 칭송받지 못하는 것일까? 핵심적인 차이는 추측과 증명이다. 본질적으로 후크는 우주가 어떻게 움직이는가에 대해서 정보와 영감에 입각한 추측을 제시하였다. 뉴턴은 정확히 그것이 어떻게 작동하는지 보여주고 수학적으로 증명하려고 했다.

혼자만의 상상

뉴턴은 그 편지를 무시하려고 했으나 좀 지나서 같은 달에 답장을 했다. "…현재 제가 생각이 정리되지 않아 당신이 기대하는 대답을 할 수 없음을 진심으로 유감스럽게 생각합니다. 지난 반년 동안 링컨셔에서 걱정거리로 괴롭게 지냈습니다… 철학적인 명상을 즐길 시간이 없었습니다…. 그리고 그것보다 우선 지난 몇 년간 나는 철학으로부터 나 자신을 벗어나게 하려고 노력해 왔습니다…. 이로써 나는 런던이나 국외의 철학자들이 최근에 무엇을 하고 있는지 아예 알 수 없게 되었고… 마치 한 상인이 다

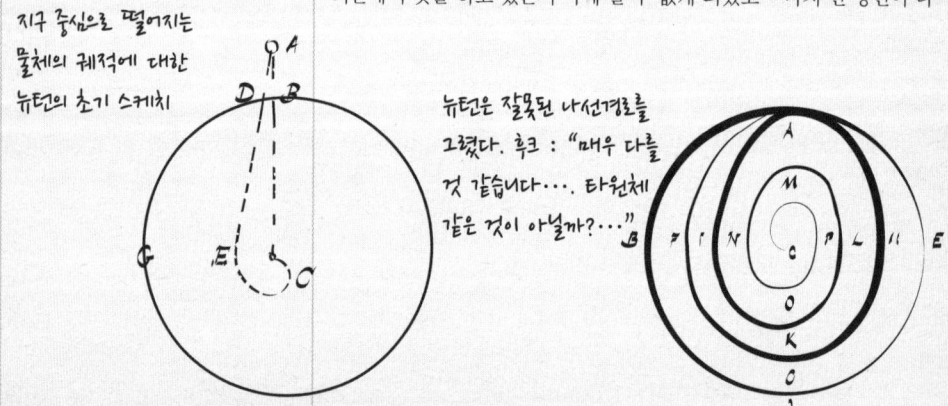

지구 중심으로 떨어지는 물체의 궤적에 대한 뉴턴의 초기 스케치

뉴턴은 잘못된 나선경로를 그렸다. 후크 : "매우 다를 것 같습니다…. 타원체 같은 것이 아닐까?…"

른 사람의 거래를 대하거나 시골사람이 배우는 일을 대하듯이 관심을 두지 않게 되었습니다."

그러나 그는 답으로 무엇인가를 제시하였다. 지구가 그 축을 중심으로 돈다는 "지구의 일주운동 발견에 대한 나만의 상상"이었다. 많은 사람들은, 정말 지구가 돈다면 탑에서 물체를 떨어뜨리면 그 아래 땅이 회전하기 때문에 물체는 서쪽에 떨어져야 한다고 주장했다. 뉴턴은 실제로 물체가 행성 중심에서 훨씬 멀리 떨어져 표면보다 더 먼 곳에서 더 빨리 움직이면 동쪽에 떨어질 것이라고 제안하였다. 또한 그는 물체를 저항이 없는 지구 중심에 떨어뜨렸을 때 움직이는 경로를 원형 나선으로 그려 내었다.

> *"후크가 나의 나선경로를 수정해 준 것이 나중에 내가 타원궤도를 검토하여 이론을 발견하도록 해 주었다."*

문제의 수립

사실 뉴턴 자신과 후크가 가지고 있었던 중력에 대한 이론은 그의 생각이 틀렸음을 의미했다. 그러한 물체는 타원형 궤도를 따라 움직여야 했다. 후크는 오류를 잡았고 뒤따르는 언쟁은 다시 뉴턴을 화나게 했다. 그러나 실제로 이 논쟁은 그가 궤도 역학의 문제에 관해 한번 더 생각하도록 했으며 프린키피아를 향한 확실한 수학적, 철학적 숙성기간의 시작이 되었다. 자신도 어쩔 수 없이 뉴턴은 후크의 편지에 끌려 들었으며 후크가 그 문제를 정확하게 수립하는데까지 이르게 되었다.

"이제 중심으로 향하는 인력에 의한 거리의 제곱의 역수(즉, 역자승의 법칙)를 따르는 곡선의 성질을 정확하게 알아내는 일만 남았습니다… 당신의 뛰어난 방법(뉴턴의 미적분학)을 이용하면 그 곡선이 무엇이며 어떤 성질이 있고 이 비율이 어떤 물리학적 근거가 있는지 쉽게 알아낼 수 있을 것이 틀림없습니다." 후크는 그의 능력의 한계에 도달했고 뉴턴은 그렇지 않다는 사실은 인정해야만 했다. 그때까지 캠브리지 학자는 그의 승리를 축하하지 않았다. 그는 아무런 응답도 하지 않았다. 대신 4년 뒤 운명적인 방문이 있을 때까지 매우 긴 침묵의 기간이 있었다.

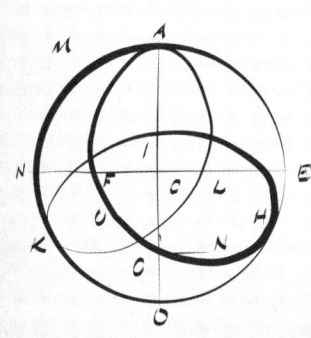

뉴턴은 낙하체의 실제 경로를 다시 연구하였다. "상승과 낙하가 번갈아 나타난다. 즉 궤도이다."

혜성과 커피숍

지구 중심을 향한 나선에 관한 논쟁이 있은지 4년 후에 뉴턴은 힘과 운동, 인력과 궤도에 관한 아이디어를 품게 되었다. 혜성이 나타났다 사라지고, 모든 것이 그의 머릿속에서 맞추어지는 퍼즐에 조각을 더해주었다. 결국 1684년에 런던의 커피숍에서의 대화는 젊은 천문학자에게 운명적인 캠브리지로의 임무를 부여하게 되었다.

뉴턴에 대한 후크의 도전은, 인력을 작용하는 한 초점(타원 궤도를 왕복하는 물체가 중심으로 하는 타원의 한쪽 끝에 있는 점) 주위를 타원궤도를 따라 움직이는 물체의 "곡선이 정확히 무엇인지 알아낸 것"이었다. 그는 그의 계산법을 이용하여 궤도상의 모든 점에서 그 곡선은 역자승의 법칙(두 물체 사이의 거리가 커지면 커질수록 인력은 그것들의 질량 중심 사이의 거리의 제곱에 반비례하여 약해진다는 법칙)을 따른다는 것을 증명하려 했다. 이전에 그는 행성들의 궤도를 원이라고 생각했었다. 이제 그는 행성들의 실제 타원궤도 관측 결과와 역자승의 법칙에 관한 그의 166가지의 견해를 일치시키기 위해 수학을 이용하게 된다.

명백해지는 상황

그해 말에(1680년) 유럽 하늘에 혜성이 나타났고 뉴턴은 왕실 천문학자인 존 플램스티드와 혜성에 관해 연락을 주고 받게 되었다.(132~3쪽 참고) 여기서 그는 처음으로 "나는 접선 방향으로 멀어지려는 행성들의 궤도가 태양의 인력에 의해 유지된다는 것을 인정한다."고 명확하게 언급했다. 2년 후에 또 다른 혜성(후에 핼리 혜성으로 유명해진)이 나타났다. 자연은 뉴턴의 정신을 궤도 역학 문제에 집중하도록 하는 것으로 자신의 역할을 다했다. 그동안 물질의 성질에 관한 그의 연구는 연금술을 통해 시작되었

에드몬드 핼리

부유한 집안 출신으로 젊고 잘생기고 사교적이었으며 모험심이 강했던 핼리는 원로들의 가장 위대한 제자 중 한명이었지만 여러면에서 뉴턴과 정반대되는 인물이었다. 그는 갓 대학에서 나온 열성적인 젊은 천문학자로서 남쪽하늘을 관측하기 위한 세인트 헬레나의 남아틀랜틱섬에서의 대담한 임무 수행으로 이름을 떨쳤다. 나중에 그는 무신론자라는 소문 때문에 미움을 받았음에도 불구하고 왕실 천문학자인 플램스티드의 조수가 되었다.

> "1684년에 핼리 박사는 캠브리지를 방문하여 만약 태양의 인력이 거리의 제곱의 역수에 비례한다면 행성이 움직이는 곡선은 무엇이 될지 뉴턴에게 물었다. 뉴턴 경은 그것은 타원이 될 것이라고 즉시 대답했다. 핼리 박사는 기쁨과 놀라움을 금하지 못하며 그에게 어떻게 그것을 알았는지 물었다. 그는 그것을 계산했다고 대답했다."

– 아브라함 드 므아브르가 묘사한 핼리의 캠브리지 방문

고 이는 그를 자연 철학의 기본 가정인 에테르의 존재에 관한 의문으로 이끌었다. 뉴턴은 에테르가 존재하지 않는다는 사실을 증명하는 듯한 실험을 수행하였다. 만약 에테르가 없다면 우주 공간에서 힘의 전달 매개체가 소용돌이라는 데카르트의 이론은 근거가 없어지게 된다. 만약 그렇다면 인력, 중력, 뉴턴의 머릿속에서 집중되고 있는 개념들은 어떻게 설명될 수 있을까? 따라서 그의 연금술의 개념이 유효성분으로 생각이 이어져, 중력을 광대한 범위의 진공을 가로질러서도 작용할 수 있는 일종의 자연적 기운이라고 생각하게 되었다. 하나씩 위대한 구성의 요소들이 합쳐지고 있었다. 그것들이 완전하고 완벽하게 결정을 맺기 위해서는 하나의 씨앗이 필요할 뿐이었다.

커피숍에서의 조우

1680년대에는 천문학의 기운이 감돌고 있었다. 행성의 궤도를 어떻게 설명하는가가 가장 중요한 관심사 중 하나였으며 1684년까지 몇몇 사람들은 역자승의 법칙을 알아내었다. 그러한 사람들 중 세명이 바로 젊은 천문학자인 에드몬드 핼리, 천문학자이자 건축가인 크리스토퍼 렌 경 그리고 로버트 후크였다. 1684년 1월의 어느 수요일, 세 사람은 런던의 커피숍에서 그 주제에 관해 토론을 하고 있었다. 핼리는 태양이 행성에 대해 거리의 역자승에 따라 감소하는 인력을 작용할 수 있을까?라는 의문을 품었다. 핼리는 나중에 "후크는 천체 운동에 관한 모든 법칙은 실제로 증명될 것이라고 단언했으며 나중에 그 자신이 그것을 해냈다."라고 썼다.

렌은 회의적이었으며 "그는 후크나 나에게 두 달을 주겠으니 그를 확신시킬만한 증거를 가지고 오면 명예 뿐아니라 40실링짜리 책을 선물로 주겠다."고 말했다. 후크가 별 자랑할 것없이 두 달 이상의 시간이 지나고 8월이 되자 핼리는 캠브리지로 가서 뉴턴에게 물어보기로 결심하였다.

크리스토퍼 렌 경

건축가이자 자연철학자이며 왕립학회의 전 회장인 렌은 내기를 걸어 핼리를 캠브리지로 보냈다.

프린키피아의 시초

핼리는 뉴턴의 위대한 지적 능력에 시동을 거는데 성공했다. 그는 특히 후크와 같은 다른 사람들이 실패했던 일을 해냈는데 그것은 그가 올바른 질문을 했기 때문이었다. 뉴턴에게 추측 또는 추측에 대한 응답을 요구하는 대신 수학적으로 증명하도록 한 것이다. 일단 뉴턴이 연구를 시작하자 그는 멈출 수 없음을 깨달았다. 핼리의 질문에 대한 대답은 9페이지짜리 논문에서 한권의 책으로 발전했다.

핼리는, 후크가 명백히 해내지 못했던, 행성운동이 역자승의 법칙을 따른다는 수학적인 증거와 행성의 타원궤도를 설명할 수 있다는 것을 뉴턴이 밝혀 낼 수 있다는 희망을 가지고 캠브리지로 갔다. 뉴턴이 실제로 그러한 증거를 계산해냈다고 대답했기 때문에 그는 매우 기뻐했다. 그러나 좌절이 뒤따랐다. 프랑스 수학자이자 뉴턴의 추종자인 아브라함 드 므아브르에 따르면 "…핼리 박사가 그의 계산에 대해 물었을 때… 아이작 경은 그의 논문들을 뒤졌으나 그것을 찾지 못했다. 그러나 그는 그것을 수정하여 보내주겠다고 약속했다."

시동을 걸다

뉴턴은 공격받을 여지가 없이 정확하다는 확신 없이 자신의 연구를 세상에 내놓는 것을 싫어했기 때문에 그가 핼리에게 그것을 주기 전에 그의 계산을 검토해 볼 기회를 얻기 위해 거짓말을 했을 가능성도 충분히 있다. 그의 처음 의도가 무엇이었든 간에 그 연구는 더 위대한 것으로 변해갔다.

처음에 뉴턴은 그 전의 수학적 과정과 전혀 다르게 타원에 관한 계산을 다시 수행했으나 처음과 같은 놀라운 결과를 얻었다. 그는 9페이지에 걸쳐 "De Motu Corporum in Gyrum(회전하는 물체의 운동에 관하여)"라는 논문을 썼으며 이것을 직접 핼리에게 전달하였다. 흥분한 젊은 천문학자는 캠브리지로 달려가 왕립학회에 그것을 공개할 수 있도록 허락해달라고 청원했으며 "뉴턴씨가 흥미로운 논문을 저에게 보여 주었습니다."라고 기록된 12월 10일 모임에 제시하기 위해 서둘러 돌아왔다. 'Motu' 원고는 엄청난 소문을 불러일으켰으며 존 플램스티는 "나는 우리의 공통의 친구인 후크와 나머지 마을 사람들 전체가 만족할 때까지 그것을 보지 않을 것이라고 믿는다."라고 불평을 하였다.

프랑스 수학자인 아브라함 드 므아브르로부터 뉴턴은 프린키피아의 연구의 발단과 초기 수학 교육을 혜택을 받았다.

여러 가지 문제들에 대한 탐구

이제 핼리의 질문이 씨앗이 되어 거대하고 복잡한 구상이, 혁신적이고 새로운 세계의 구조에 관한 요소들이 과포화 되듯이, 뉴턴의 머릿속에서 결정을 이루기 시작했다. 한 가지 생각이 다른 생각으로 그를 이끌었으며 비록 핼리가 'De Motu'의 후속연구를 빨리 이어가기를 재촉했지만 뉴턴은 좀 더 위대한 어떤 것으로 시선을 돌렸다.

"…나는 달의 불균일한 움직임을 고려해보고, 중력의 법칙과 측정, 그 밖의 힘들에 관련된 다른 생각들이 떠올랐다. 주어진 법칙에 따라 이끌리는 물체에 의해 설명되는 수치, 서로의 사이에서 움직이는 여러 개의 물체

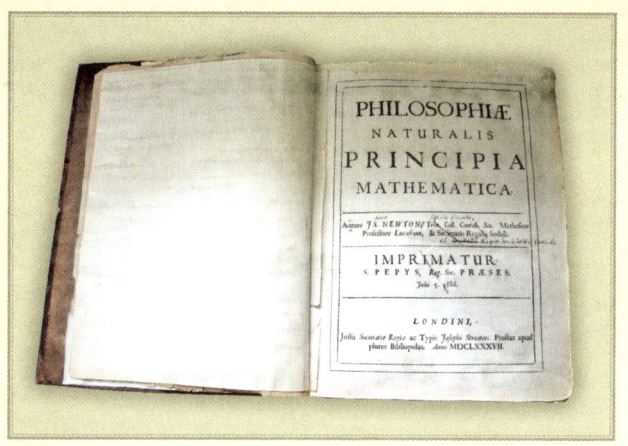

프린키피아 1권의 속표지
에드몬드 핼리가 출판을 감독하고 많은
지원금을 제공했다.

들, 저항 있는 매질을 지나가는 물체의 운동, 매질에서의 힘, 밀도 그리고 운동, 혜성의 궤도와 같은 것들이다. 나는 이러한 문제들에 대해 연구해 전체를 하나로 통합할 때까지 출판을 연기했다."

또 다른 아르키메데스

뉴턴은 새로운 연구에 모든 천재적인 정신 에너지를 쏟아부었다. 험프리 뉴턴은 그 당시 그의 노동 강도를 다음과 같이 회상했다.

"그는 그의 서재 아니면 그의 방을 거의 떠나지 않았다…. 그는 매우 몰두했으며 매우 심각해서 아주 조금 먹거나 그게 아니면 아예 먹는 것을 잊기도 했다…. 가끔 그는 한 두 번 정원을 돌았으며 갑자기 멈춰 뒤돌아서서 아르키메데스 처럼 '유레카!'라고 하며 계단을 뛰어 올라가서 의자를 당겨 앉을 여유도 없이 책상에 서서 쓰는데 빠져들었다."

이러한 노력의 결실로 원고가 점점 완성되었으며 그 첫 부분은 1686년 4월에 '핼리의 손에 도착'하였다. 제목은 'Philosophiae Natualis Principia Mathematica'(자연 철학의 수학적 원리)였다.

"…프린키피아가 출판된 것은 에드몬드 핼리의 권유 덕분이다. 그가 천체에 관한 나의 수치계산 증명을 받았을 때 그는 그것에 대해 왕립학회와 의견을 나누도록 강력히 권유했으며 나중에 학회의 친절한 격려와 요청이 나에게 출판을 생각해 보게 만들었기 때문이다."

– 프린키피아 초판의 서문

운동의 법칙

뉴턴은 프린키피아가 수학적으로 증명되고 입증이 뒷받침된 완벽하고 완전하며, 법칙과 자명한 공리의 체계가 되기를 의도했다. 그것은 뉴턴 자신의 발견을 구성요소로, 기본으로부터 지어진 체계였다. 종종 이 구성요소는 이미 사용되고 있는 불명확하게 정의된 용어와 개념을 사용하는 경우가 많아서, 그는 정확하고 고정된 정의를 부여하고 그것들을 힘과 운동에 관한 틀림없는 법칙을 자세히 설명하는 데 사용하였다.

프린키피아 1권의 대부분은 'De Motu'의 확장이었다. 질량과 관성과 같은 개념의 정의에서 출발해서 부피, 무게, 속도와 같은 성질들과 같지는 않지만 어떻게 연관되어 있는지 명시하였다. 예를 들어 '정의 II'의 항목하에 그는 "운동을 나타내는 양은 물질의 양과 속도의 결합으로부터 생겨나는 같은 것을 측정하는 것이다."라고 썼다. 관성은 그가 데카르트로부터 도입한 개념이지만 그의 방식으로 수정하였다. "잘 움직이지 않으려고 하는 물질의 성질로부터 기인하여, 물체를 정지상태나 운동상태로부터 벗어나게 하는 것은 쉽지 않다. 그 때문에 가장 의미있는 이름으로 관성 또는 정지상태의 힘이라고 한다."

시간, 공간 그리고 운동

그는 도입부에서 유명한 운동의 세 가지 법칙을 언급하면서 시간과 공간의 개념을 처음으로 재정의하는 의미를 부여하였다. 이 용어들은 일상적으로 친숙하지만 뉴턴에게는 그 목적에 부합하지 않음을 의미했다. 그가 요구했던 수학적인 엄밀함 같은 것을 위해서, 먼저 그는 그것들을, 단순한 사람들의 주관적인 경험으로부터 분리하여 가장 순수하고 근원적인 형태로 확립해야만 했다.

"어떤 외부적인 무엇과 관계없이 그 자체적으로 절대적이고 진리이며 수학적인 시간은 일정하게 흐른다…."

"어떤 외부적인 무엇과 관계없이 그 자체적으로 고유성질로 절대적인 공간은 항상 균질하고 고정되어 있다…."

수세기 후에, 아인슈타인은 시간과 공간에 대해 매우 다른 해석을 증명하려했으나 그 스스로도 뉴턴의 이론을 '파괴'하거나 '틀렸음을 입증'하는 주장을 하는 것을 거부했다. "아무도 뉴턴의 위대한 업적이 이것이나 혹은 어떤 다른 이론으로 대체될 수 있다고 가정하지 않아야 한다."

뉴턴은 조심스러워서 항해중인 배를 예로 절대적인 운동과 상대적인 운동을 구별했으며 배 위의 선원의 상대적, 절대적 운동을 설명하였다.

"마치 강풍에 돛을 모두 올리고 10파트(part)로 표시되는 속력으로 서쪽으로 배가 가는 동안, 지구상의 한 부분이 배에 대해 실제로 10010파트의 속력으로 동쪽으로 움직이는 것과 같다. 그러나 선원이 배안에서 1파트의 속력으로 동쪽으로 걸어가면 선원은 고정된 공간에 대해 10001파트의 속력으로 동쪽으로, 지구에 대해서는 서쪽으로 9파트의 속력으로 움직이는 것이 된다."

알버트 아인슈타인(1879~1955)
종종 뉴턴의 물리학을 진부한 것으로 만들었다고 일컬어진다. 아인슈타인 자신은 그러한 일을 하지 않았다고 주장한다.

공을 들어올리면
위치에너지가 생긴다.

운동에너지가 충격파의
형태로 공 들을 통과해
지나간다.

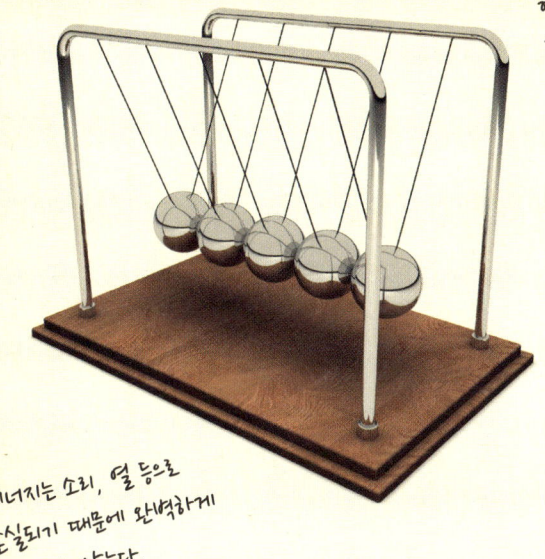

에너지는 소리, 열 등으로
손실되기 때문에 완벽하게
보존되지는 않는다.

20세기에 만들어진 책상 위의 장난감인 뉴턴의 요람은 운동량 보존의 원리를 보여준다.

수학적 철학

1권과 2권은 주로 유클리드에서 발견할 수 있는 기하학적인 증거와 증명으로 이루어져 있다. 뉴턴은 그의 미적분을 사용하기보다는 수고스럽고 전통적인 기하학적 분석을 이용하여 모든 것을 증명했다. 프린키피아의 처음 10개의 섹션에는 물리학의 내용이 거의 없다. 주제는 운동하는 물체이지만 방법은 점, 선 그리고 곡선이다. 책의 서문의 처음 몇 줄 안에 뉴턴은 고대와 현대의 실험과 수학의 타당성을 언급하면서 자신의 접근법을 옹호했다. "고대 사람들은 자연을 연구하여 역학에 대한 훌륭한 설명을 만들어 내었으며, 현대인들은 실제적인 형태와 초자연적인 성질들을 제쳐놓고, 수학법칙을 자연 현상에 적용시키는데 힘을 쏟고 있다. 나는 이 논문에서 철학을 중요시할 정도로 수학을 발전시켰다."

"1법칙 : 모든 물체는 힘을 가해 그 상태를 바꾸려고 하지 않으면 정지해 있거나 등속 직선 운동하는 상태를 유지하려고 한다.

2법칙 : 물체의 운동량의 변화는 물체에 가해진 충격량에 비례하며, 충격력이 가해진 직선을 따라 변화가 일어난다.

3법칙 : 힘을 가하면 항상 같은 크기의 반대 방향의 힘인 반작용이 있다. 즉, 이때 두 물체가 서로에게 작용하는 힘은 항상 크기가 같고 방향이 반대이다."

– 뉴턴의 운동 법칙

세상의 구조

1, 2권에서 힘과 운동에 관한 내용을 전개하는데 반하여 3권에서는 만유인력의 법칙을 포함한 이 법칙들의 응용을 보여주었다. 천체 사이의 광대한 진공을 넘어 모든 물체들 사이에서 작용하는 인력에 관한 그의 이론을 전개함에 있어 뉴턴은 그의 모든 수학적, 천문학적 심지어는 연금술적 자료까지 동원하였다. 그의 이론을 이용하여 역사적으로 유일하게 수학적으로 정확한 '행성, 혜성, 달과 바다의 운동'을 설명하는 일에 착수했다.

초기에 그의 책 1권에서, 뉴턴은 중력의 개념을 공식화했다. "물체를 어떤 방향으로 끌거나 추진시켜 한 점을 중심으로 향하게 하는 힘이 구심력이다." "중력은 이런 종류의 힘으로 물체는 이 힘에 의해 지구의 중심으로 향하게 되며, 그 힘이 무엇이든 간에 행성들이 원래 움직이던 직선운동으로부터 끊임없이 옆으로 끌려 곡선 궤도를 회전하게 하는 힘이다." 그리고 나서 그는 어떻게 달을 이용하여 중력을 연구할 수 있는지를 설명했다.

"만약 이 힘(중력)이 매우 작다면 달을 직선운동으로부터 벗어나게 하는데 충분하지 않을 것이다. 만약 너무 세다면 달의 경로를 너무 많이 휘게 하여 달이 자신의 궤도로부터 지구로 끌려오게 될 것이다. 그 힘은 어떤 적당한 크기를 가져야 하며 달이 그 궤도에서 주어진 속도로 움직일 수 있는 힘을 찾는 것은 수학자의 몫이다…." 결국 그는 만유인력의 법칙을 설명했다. "같은 거리에서 중력은 어디나 같다. 왜냐하면 (공기 저항이 무시하거나 고려했을 때) 중력은 물체가 무겁든 가볍든, 크든 작든, 모든 낙하하는 물체를 똑같이 가속시키기 때문이다."

지식은 힘

뉴턴은 그의 세 번째 책을 '세상의 구조'라고 불렀는데, "세 번째 책에서 우리는 세상의 구조를 설명하는 예시를 제시한다. 그 전 책에서 수학적으로 증명된 전제들을 가지고 천체현상으로부터 물체를 태양이나 몇몇 행성으로 향하게 하는 중력을 유도해 낸다. 그리고 이 힘들로부터, 또 다른 수학적 전제들에 의해, 우리는 행성, 혜성, 달 그리고 바다의 움직임을 추정해 낸다."라고 하였으며 수학, 철학적 원리연구를 시작한 후, 그는 토성

"만약 실험과 천체관측에 의해, 지구상의 모든 물체가 지구의 인력에 끌리고… 달 또한 동일하게…지구의 인력에 끌리고, 바다가 달의 인력에 이끌리고, 모든 행성들이 서로를 향해 움직이고, 혜성이 같은 방식으로 태양의 인력에 끌리는 현상이 어디에서나 나타난다면 우리는 보편적으로 어떤 물체이든 간에 모든 물체는 만유인력의 원리가 적용된다는 것을 인정해야 한다."

– 뉴턴의 프린키피아

궤도의 섭동 현상(목성의 움직임이 토성에 영향을 주기 때
문에 일어나며 토성이 목성가까이 있을 때마다 나타나는
토성 궤도의 섭동 현상은 매우 잘 보이며 천문학자들이 의
문을 품었던 것이었다.)에서부터 지구에서의 조석 현상에
이르는 모든 현상을 설명함으로써 그것의 힘을 증명했다.
그는 심지어 지구에서 매우 높이 올라간 곳의 공기의 밀
도까지 계산했으며 다른 행성에서의 중력과 행성들의 질
량과 밀도도 계산해냈다. 예를 들어, 그는 태양의 표면에
서 무게가 10,000kg인 물체는 지구표면에서는 435kg이
될 것이라고 계산했다. 이것은 현대적인 방법으로 계산된
수치에 놀라울 정도로 가까운 값이다. 그는 지구가 구형이
아니라 편평 타원체(달걀 모양)임과 수천 년 동안 천문학
자들을 난처하게 했던 문제였던, 어떻게 이 모양이 태양과
달이 작용하는 중력의 영향을 받아 지구 자전을 흔들리게
하여 분점의 세차운동(수세기 동안 춘추분의 시기가 변하
는 현상)을 일으키는지를 증명하였다.

갈릴레오
갈릴레이
(1564~1642)

요하네스
케플러
(1571~1630)

갈릴레오와 케플러의 결합

    뉴턴은 프린키피아 3권에서 자연 철학의 두 개의 주류의 통합을 달성
했다. 갈릴레오는 힘과 운동에 대한 실험을 하여 지구에서의 역학을 연구
했고 케플러 법칙은 천체 역학에 관한 것이었다. 그러나 아무도 이 둘을 결
합시키는데 근접하지 못했다. 이 결합은 현대 과학의 위대한 업적들과 어
깨를 나란히 할 정도인데 뉴턴이 20년이라는 시간 동안 단독으로 그것을
해낸 것이다.

끝나지 않은 일들

뉴턴은 페스트 유행하던 시기동안,
그를 힘들게 했던 지구 중력과 달을
그 궤도에 머무르게 하는 힘을 비교
하는 계산문제로 돌아왔다. 그는 지
구 크기에 대한 좀더 정확한 추정을
이용하여 만약 같은 크기의 힘이 작
용한다면 지구 표면에서의 중력은
물체를 초속 181인치(460cm/
sec)로 떨어지게 한다는 것을 계산
해낼 수 있었다. "그리고 무거운 물
체는 바로 이 힘을 받아 지구로 낙하
한다."한다고 설명했다.

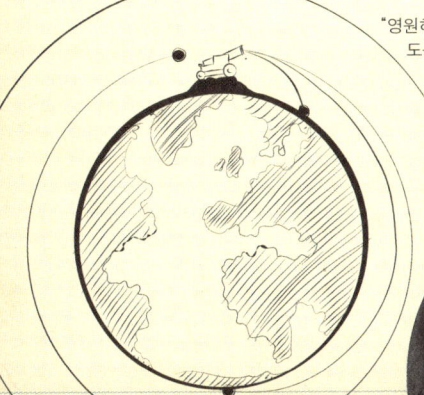

"영원히 지구로 떨어지지 않을 수 있
도록 화약의 힘으로 산꼭대기에서
발사된 무거운 공…"

철학의 법칙

프린키피아는 기본적으로 그것이 우주에 대해 발견해낸 것(중력이론, 운동법칙, 물리현상의 설명)으로 유명하지만, 과학자들은 발견하는 방법을 알려준데 대해 이 책을 칭송한다. 그전에는 자연 철학자들은 논리, 권위자, 때로는 경험에 의존하였고 그 결과는 추론, 가설 그리고 의견이었다. 그러나 프린키피아에서 뉴턴은 철학을 연구하는 새로운 방식, 과학적 방법을 제시하였다.

그의 빛과 색깔에 관한 이론이 어렵게 받아들여지고 난 후, 뉴턴은 그의 접근법이 시대를 앞서가고 있다는 것을 깨달았다. 따라서 그는 그의 접근 방식이 어떻게 이루어져 있으며 그 전 방식과는 어떻게 다른지 분명히 하는데 그의 책 전체를 할애했다.

자세한 설명

이러한 접근법에는 몇 가지 중요한 특징이 있었다. 그것은 선험적인 가정(검증되지 않은 전수 지식을 바탕으로 한 세상을 이해하는 방식에 대한 가정)을 배제하는 것이다. 예를 들어, 뉴턴은 "보통 사람들은, 어떤 다른 개념들로부터 나온 것이 아니라 자신이 감지하는 물체들과의 관계로부터 시간, 공간, 장소, 운동과 같은 양의 개념을 가지게 된다. 거기에서 어떤 편견이 생겨나게 된다….."라고 썼다.

그는 전통적인 스콜라 철학에 의해 '단순 역학'으로 묵살되었던 실행, 실험의 타당성과 필요성을 주장하였다. "실수는 작품에 있는 것이 아니라 제작자가 하는 것이다. 정확하지 못한 솜씨로 일을 한다면 불완전한 기능공이지만 만약 누군가 완벽한 정확도로 일을 할 수 있다면 그는 역학에 속한 기하학적 요소가 발견되는 직선, 원의 묘사에 가장 완벽한 기술자가 될 것이다….." 그는 첫 번째 명제들과 주관적인 경험으로부터 오류를 피하는 방법들로부터 어떻게 완벽한 이론을 만들었는지 자세히 설명했다. "우리의 계획은 예술이 아니라 철학에 관한 것이며 우리의 주제는 손으로 움직이는 것이 아니라 자연의 힘이다…. 우리는 철학의 수학적 원리로서 이 연구를 제시하고자 한다. 철학의 모든 어려움들은 자연의 힘을 연구하기 위한 운동 현상과 다른 현상을 증명하기 위한 힘들로 이루어져 있기 때문이다…."

그는 조심스럽게, 증명될 수 있는 것에서 엄격하게 스스로 벗어나지 않았다. 뉴턴의 세상의 구조는 단순한 의견이나 추측이 아니었다. 그것은 사실이었고 그는 그것을 분명히 하기를 원했다. "이 철학에서 특정한 전제들은 현상들로부터 추론되어 귀납법에 의해 일반화 된다. 그러므로 불가입성(두 개의 물체가 동시에 같은 공간을 차지하지 못하는 성

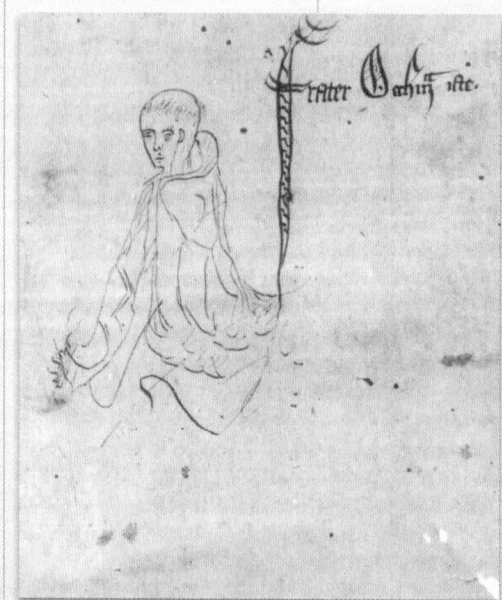

1341년 윌리엄 오브 오캄의 Summa Logicae(sum of logic) 원고의 스케치로부터

*"우리는 스스로 고안해 낸 꿈과 헛된 허구를 위해 실험의 증거를
포기하지 않아야 한다."*

– 뉴턴의 프린키피아

질), 이동도(기체, 액체, 고체 내에서 이온, 전자, 콜로이드 입자 등
전하를 가진 입자가 전기장 때문에 힘을 받을 때, 그 평균이동속도
와 전기장의 세기 사이의 관계를 나타내는 계수), 충격력(두 물체가
충돌할 때 발생하는 충격에 의한 힘) 그리고 운동과 중력의 법칙이
발견된 것이다. 중력이 실제로 존재하며, 우리가 설명한 법칙을 따
라 작용하며, 천체와 바다의 움직임를 설명할 수 있다는 것으로 우
리에게는 충분하다."

꿈과 헛된 허구에 맞서

뉴턴은 심지어 그의 책에 철학의 법칙에 관한 내용도 포함시켰
다. 예를 들어 첫 번째 법칙은 오캄의 면도날로 알려진 유명한 '원
리의 재진술'이었다. "우리는 자연적인 것들의 원인이 겉으로 드러
난 현상을 설명하는데 정확하고도 충분한 것일 뿐임을 인정한다."

"이러한 목적을 위해서, 철학자들은 자연은 헛된 일은 하지 않
으며 더 단순한 것이 잘 작동한다면 더 이상은 부질없는 것이라고
말한다. 자연은 단순한 것을 선호하며 피상적인 원인들의 거창함에
영향을 주지 않기 때문이다." 네 번째 법칙에서 그는 프란시스 베이
컨 경에 의해 옹호되던, 구체적인 예들(실험적 증거, 천문학적 관측
과 같은 것들)의 분석으로부터 일반적인 법칙을 이끌어내는 추론의
한 형태인 귀납법에 대한 그의 충성도를 진술했으며 과학적 방법의
기본적인 법칙 중 하나를 시작했다. "실험적인 철학에서 우리는 현
상들로부터 일반적인 귀납법에 의해 수집된 전제들을, 어떤 상반되
는 가설을 상상할 수 있음에도 불구하고, 다른 현상이 일어나 그 가
정들이 좀 더 정확해 지거나 또는 예외가 될 때까지, 정확하거나 거
의 사실이라고 간주한다.", "우리는 귀납법적인 논쟁을 가설들로 인해 피
해갈 수 없다는 이 규칙을 따라야 한다."

사실들만을

그러나 뉴턴은 조심스러워서 그가 증명할 수 있는 범위를 벗어나서
추론하지는 않았다. 그는 만유인력의 존재를 증명했지만 '이 힘의 원인'을
추정하려고 하지 않았다. 그는 "지금까지 현상들로부터 중력의 특성의 원
인을 발견하지 못했고 나는 아무런 가설도 만들지 않았다…. 그런 이유로
독자들은 내가 어떤 작용이나 물리적 근거의 종류나 성질을 정의하는 것
을 상상하지 않아야 한다…."

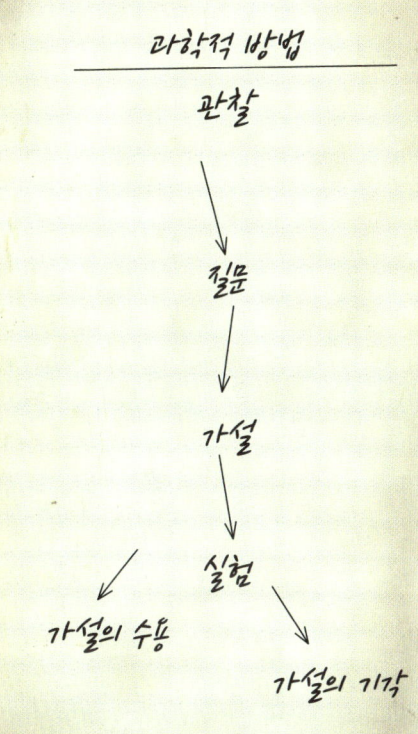

기본적인 과학적 방법을 보여주는 흐름도
가설이 실험에 의해 증명되고 나서야
이론의 지위로 넘어갈 수 있다.

수박 겉핥기 식으로 아는 사람

프린키피아는 읽기 쉬운 책이 아니었다. 전체가 라틴어로 쓰여졌고 주로 어려운 기하학 증명으로 이루어져 있었다. 심지어는 숙련된 수학자에게 어려웠으며 캠브리지의 한 익살꾼이 뉴턴 교수를 힐끗보고 "저기 그 자신도 어느 누구도 이해하지 못하는 책을 쓴 사람이 지나간다."고 하였다. 그런데 왜 뉴턴은 그의 걸작을 그렇게 이해하기 어렵게 만든 것일까?

프린키피아를 잘 읽히지 않도록 재미없게 쓴 이유를 뉴턴은 "수박 겉핥기식으로 수학을 아는 사람들에 의해 논쟁거리가 되는 것을 피하기 위해서"라고 그의 친구에게 얼떨결에 밝힌 적이 있다. 그가 자신보다 지적으로 열등하다고 생각했던 사람들과의 색깔 이론에 대해 논쟁했던 쓰린 기억 탓에 악화된 히스테리에 가까운 반박에 대한 두려움으로, 그는 자신의 맹렬한 논리, 증거들을 이해하지 못하는 사람은 그의 책에 접근하지 못하게 하려고 의도했다.

논란을 방지하기 위해

실제로 프린키피아 3권의 도입부는, 그가 처음에는 접근 가능한 책을 쓰려고 했으나 잘못 이해되는 것을 견딜 수 없었음을 암시한다.

"나는 세상의 구조의 틀을 제시하고자 한다. 이 주제에 관해서 세 번째 책을 대중적인 방법으로 구성하여 많은 사람들이 읽을 수 있도록 하려고 했다. 그러나 나중에는 원리에 충분히 입문하지 못해서 중요함의 정도를 알아차리지 못하거나 오랫동안 익숙해진 편견을 버리지 못하는 경우를 고려하게 되었다. 그러므로 여차한 경우에 제기될 수 있는 논란을 막기 위해 나는 이 책의 핵심을 명제의 형태(수학적인)로 축소하여 앞선 책에서 성립된 원리들을 터득한 사람들만 읽을 수 있도록 하는 편을 택했다."

그는 '보통 독자'에게 "모든 사람들에게 그 책들의 모든 제안들을 미리 공부하라고 권하는 것은 아니다. 상당한 수학적 지식이 있는 사람조차도 너무 시간이 많이 걸리기 때문이다." 라고 경고했다. 프린키피아를 읽을 시도를 위해 미리 무슨 책을 읽어야 하는지 친구가 물었을 때 뉴턴은 대수롭지 않다는 듯 위압적인 읽기 목록을 자세히 늘어놓았다.

"유클리드의 원론(14권으로 이루어짐)을 읽은 후, 원뿔곡선(직원뿔을 그 꼭짓점을 지나지 않는 평면으로 잘랐을 때 생기는 단면의 평면곡선의 총칭으로 타원, 포물선, 쌍곡선이 있다.)의 모든 요소를 이해해야 한다. 그리고 존 드 위트의 Elementa Curvarum(Elements of curves : 곡선의 요소)의 첫부분을 읽거나 드 라 하이어의 원뿔곡선에 관한 후기 논문이나 바로우 박사의 아폴로니우스의 전형을 읽으면 된다. 대수학을 위해서는 바르톨린의 첫 번째 설명을 읽고 나서 데카르트 기하학에 대한 논평에 산재한 문제들을 해결하려고 해보고 프란시스 스쿠튼의 대수학 저술을 읽어. 천문학에서는 가센더스

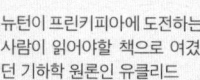

뉴턴이 프린키피아에 도전하는 사람이 읽어야할 책으로 여겼던 기하학 원론인 유클리드

"철학은 무례하게 소송을 일삼는
숙녀와 같아서 그녀와 함께
하는 남자는 언제나 소송에
연루되게 된다."

GERARD   MERCATOR
N.L'armesin.faic.

의 천문학과… 머케이터의 천문학을 읽어… 이정
도면 충분해…"

후크의 주장

프린키피아 3권은 자칫하면 쓰여지지 않을 뻔
했다. 왕립 학회의 서기였던 핼리는 원고의 첫부분
을 전달했고 출판까지의 과정을 감독했다. 1686년
4월 21일의 모임에서 연구의 일부분이 읽혀졌고 후크는 뉴턴이, 20년 전
에 출판된 세상의 구조에 포함되었던 중력에 대한 그의 추론을 언급하지
않은데 대해 화를 냈다. 핼리는 뉴턴에게 편지를 쓰게 되었다. "후크씨가
중력 법칙의 창안에 대해 어떤 권리를 주장합니다…. 그는 당신이 그로부
터 그 개념을 얻었다고 합니다…."

예상대로 뉴턴은 극도로 화를 냈다. "이것 참 훌륭하지 않은가? 모든
일을 처리하는 수학자는 무미건조한 계산기나 힘들고 단조로운 일을 하는
사람으로 스스로 만족해야 하고 하는척 하면서 모든 것을 낚아채려고 하
면서 아무것도 하지 않은 다른 이는 모든 발견을 가져가 버리는군…" 그는
이렇게 분노하면서 결국 "세 번째 책은 발표하지 않을 계획이다."라고 결
론 지었다. 사실 이 위협은 결코 성공하지 못했다. 뉴턴은 프린키피아 전체
에서 모든 후크의 이름의 언급을 체계적으로 삭제하는 것으로 스스로 만
족했다. 원고의 세 번째 부분은 핼리에게 1687년 4월 4일날 전달되었으며
석달 뒤에 출판되었다.

1678년 그의 대표작인 어류의 역사를 쓴 어류
학자 프란시스 윌러비는 왕립학회가 인쇄비용
때문에 거의 파산할 때까지 학회를 통해 책을 출
판한 첫 번째이자 거의 마지막 학자였으며 프린
키피아는, 핼리의 경제적은 도움으로 출판될 수
있었다.

고대의 방법

미적분학을 사용하는 현대의 학생들
은 프린키피아에 나오는 명제들을
상대적으로 쉽게 이해할 수 있지만
뉴턴은 그의 책에서 그의 새로운 수
학적인 해석 구조를 사용하지 않으
려고 조심했는데 그는 그 이유를 나
중에 밝혔다. "왜냐하면 어떤 것들을
확실하게 하기 위해 고대인들은 그
것이 종합적으로 증명되기 전에는
어떤 것도 기하학으로 들어오는 것
을 허락하지 않았다. 나는 천체의 구
조가 훌륭한 기하학에서 발견될 수
있다고 보장한다. 그리고 그것이 바
로 숙달되지 않은 사람이 그러한 명
제가 발견되는 분석을 이해하는 것
을 어렵게 만드는 것이다."

CHAPTER SIX

사랑, 광기,
그리고
조폐국

변화의 시대

왕립 학회의 학회지에서 핼리는 프린키피아의 저자가 "마침내 대중에게 알려졌다."며 뉴턴을 환영했다. 드디어 대중에게 받아들여진 뉴턴은 주류사회로 이동했다. 뉴턴은 처음으로 정치계에 받아들여졌고 그 나라에서 가장 영향력 있는 인사들과 관계를 맺게 되었으며 심지어는 왕에게서도 인정받았다.

프린키피아를 출판한 다음 해에 뉴턴에게는 커다란 변화가 있었다. 이전의 뉴턴이 고립된 상태로, 링컨셔와 캠브리지에 거의 영향을 미치지 않고 혼자서 비밀스럽게 거대한 연구를 진행했었다면 이 해부터 뉴턴은 국제적인 유명인사가 되어 정치적으로도 영향력 있는 사람이 되었다. 뉴턴이 알고 지내는 사람의 범위가 급격히 넓어졌으며, 이 때문에 뉴턴은 새로운 친구들도 많이 사귈 수 있었지만, 자신의 인생에 좋지 않은 영향을 미치는 사람들도 만나게 되었다.

왕과의 논쟁

뉴턴이 프린키피아를 저술하는 동안에 영국에서는 또 다른 시민 혁명이 있었다. 찰스 2세는 1685년 2월에 죽었다(아마도 장난삼아 연금술에 손을 댄 것이 죽음의 원인이었을 것이다). 그리고 찰스 2세의 형인 제임스 2세가 왕위를 계승했다. 새로운 왕은 가톨릭을 옹호하여 가톨릭 교인들을 대학을 비롯한 주요 기관에 배치하고자 했기 때문에 또 한 번 나라가 혼란해지는 것은 당연한 일이었다. 제임스는 1687년 2월에 캠브리지 대학의 특별 연구원과 사무원으로 있는 가톨릭 교인들을 대학의 수장으로 만들기 위해 압력을 넣었다. 또 제임스 2세는 이때에 베네딕트회의 수도승에게 "알반 프란시스 신부가 어떤 서약이나 서약 비슷한 것을 하지 않고 학위를 받을 수 있도록 하라"고 요구하였다(이것은 성교회에서 요구하는 기본적인 서약을 면제해달라는 의미이다). 반가톨릭주의자였던 뉴턴은 즉시 자리를 박차고 나가 버렸다.

뉴턴은 곧바로 대학의 모든 학과과 설치법, 그리고 다양한 법령과 임명장을 광범위하게 연구한 후 왕이 규칙을 어겼다고 결론지었다. "전하의 뜻에 따라서 규칙을 어긴다면 그는 진정한 동료가 될 수 없을 것입니다. 용기를 가지고 규칙을 지킵시다…. 만약 한 명의 가톨릭교도가 학위를 받는다면 곧 백여 명의 가톨릭 교도가 학위를 받을 것입니다. 우리는 우리에게 유리한 규칙을 가지고 있기 때문에 이 사안에 대해서 용기를 내면 우리 모두가 안전할 것입니다." 뉴턴은 편의상 이 사건이 뉴턴이 과거에 아리우스주의에게 했던 것과 완전히 동일하다는 것은 잊은 채, 어떤 사람도 "서

찰스 2세는 그의 후임자와는 다르게 가톨릭 옹호론자와 가톨릭 반대론자 사이에서 미묘한 균형을 유지했다.

> "[로피탈 후작은] 감탄하여 소리를 질렀다. '세상에! 이 책에는 얼마나 많은 지식이 축적되어 있는가. 그리고 그는… 뉴턴 경의 머리 색깔이 어떤지와 같은 아주 세부적인 사항에 대해서 물었다. 그러고는 뉴턴 경이 음식을 먹고 음료를 마시고 잠을 자느냐며 정말로 그가 우리와 같은 사람인지를 물었다.'"

뉴턴이 의회의 회원으로서 근무했던 의사당
뉴턴이 이곳에서 한 일이라고는 법의 초안에 대해 불평하는 것뿐이었다.

약이 없이" 학위를 받아서는 안 된다고 주장했다.

다행스럽게도 어떤 사람도 뉴턴의 뻔뻔하고 위선적인 행동을 지적하지는 않았다. 심지어 뉴턴이 이제 막 논쟁에 참여했음에도 불구하고 그는 부총장의 조언자가 되었고 왕이 자신의 의견을 대학에 관철시키기 위해 소집한 위원회의 대표로 임명되었다. 비록 캠브리지의 대표단들은 왕의 의견을 꺾는 데에는 실패했지만, 이 사건은 큰 이슈가 되었다. 몇 년 뒤 제임스는 해임되었고 다시 왕좌는 신교의 손에 넘겨졌다. 네델란드의 오렌지 윌리엄 공과 그의 영국인 부인은 1688년에 영광스런 혁명으로 왕좌를 차지했다. 새로운 질서는 뉴턴과 같은 사람들에게 기회를 가져다주었다.

지위가 높은 친구들

프란시스 신부의 일화는 뉴턴에게 큰 영향을 주었다. 그 사건은 권위를 시험한 것이었고, 뉴턴은 권위를 시험하는 것을 즐겼다. 새로운 왕은 새로운 의회를 소집했고, 대학은 의회의 후보인 뉴턴에게 의지했다. 1689년 1월까지 뉴턴은 의회의 회원으로서 왕과 저녁식사를 함께 했다. 런던에 머무는 시간이 길어지면서 뉴턴은 몬머스셔의 백작인 찰스 몰던트나 영국 정치계의 떠오르는 스타인 찰스 몬태규, 그리고 철학자인(비밀스럽게 연금술을 연구했던) 존 로크와 같이 영향력 있는 친구들을 사귈 수 있는 기회를 얻었다. 존 로크는 자신의 걸작인 '인간오성론의 서두'에서 자신의 새로운 친구를 "비교할 곳이 없는 뉴턴 경"이라고 기술하기도 했다.

뉴턴의 명성이 지식인 사회에서 퍼져나가는 동안에 프린키피아의 사본들은 유럽까지 전해졌고 철학자들은 뉴턴 업적의 중요성을 이해하기 시작했다. 자연 철학의 새로운 영웅이 지지자들을 끌어들이기 시작했다.

정보원이었던 뉴턴

프린키피아를 발행할 당시 왕립 학회의 회장이었던 사무엘 페프스는 일기작가였다. 그는 과학에 대한 소양은 부족했지만 지원서의 진가를 알아보는 날카로운 안목을 가지고 있었다. 1693년 페프스는 뉴턴을 찾아가 자신이 돈을 건 주사위 게임에서 우승할 확률을 계산해달라고 도움을 청했다. 페프스에게 도움을 받았던 뉴턴은 왜 하나의 주사위를 던져 6이 나오는 것에 돈을 거는 것이 12개의 주사위를 던져 2개의 6이 나오는 것에 돈을 거는 것보다 나은지를 설명해주었다.

뉴턴의 원숭이 흉내만 내는 사람

뉴턴의 친분을 쌓게 된 사람들 중에는 스위스의 수학자인 니콜라스 파시오 드 듀일리에(줄여서 파시오)가 있었다. 파시오는 재빨리 뉴턴이 자신을 비범한 사람이자 뉴턴을 지지하는 사람의 선두에 서 있는 사람으로 여기도록 만들었으며 파시오 자신이 프린키피아의 개정 2판의 편집자가 되야 한다고 주장했다. 그러나 뉴욕에서 파시오는 그저 "뉴턴의 원숭이"라고 비난 받을 뿐이었다. 이 두 남성은 진정 무슨 관계였던 것일까?

뉴턴은 이미 프린키피아의 개정 2판을 내려고 계획하고 있었다. 뉴턴은 개정판에서 달 궤도의 정확한 중심부를 묘사하고자 했고 이를 위한 데이터를 수집하기 시작했다. 또 뉴턴은 자신이 프린키피아의 1판에서 제기한 심오한 문제들을 풀고자 했다. 중력이란 무엇일까? 중력의 메커니즘은 무엇일까? 뉴턴은 화학반응을 일으키는 원자 내에서 발생하는 힘과 자기력을 통합하는 이론을 만들어 이것을 다시 중력 그리고 역학과 관련 지을 수 있었을까?

Nicholas Fatio de Duillier
1664~1753

육체적 순결을 지키는 방법

뉴턴은 숭고하지 못한 생각을 했으며, 자신이 숭고하지 않은 생각을 하고 있다는 것을 인정하는 내내 생각을 너무 많이 하여 "몸은 제 정신을 유지하지 못했고 잠이 너무 부족하여 각종 공상을 하게 되었으며 정신착란이 갈수록 심해져서 수도승이 극한의 수련을 하였을 때 여성의 환영을 보는 것과 같은 상태에 이르렀다."고 말했다. 그러나 뉴턴이 본 환영은 여성이 아니었다.

니콜라스 파시오 드 듀일리에는 스위스의 부유한 가계의 일원이었다. 그는 값비싼 교육을 받았으며 자기 선전을 하는 것에 탁월한 재주를 가지고 있었고 천재라는 평판을 가지고 있었다. 1687년에 파시오는 23살의 나이로 "또래 중 가장 위대한 사람, 지금까지와는 다른 차원의 것을 연구하기 위해 태어난 사람"이라는 평을 받았다.

그해 6월, 오렌지 윌리암 공을 해칠 뻔 했던 계략을 경고해준 것에 대한 보상으로 파시오는 자신을 추천하는 편지들을 잔뜩 가지고 런던을 방문했고 즉각 왕립 학회의 일원이 되었다. 2년 후에 파시오는 네델란드의 철학자인 크리스티안 호이겐스를 런던으로 호위해오는 영광을 얻었다. 호이겐스를 6월 12일에 있던 회의에 모시고간 파시오는 그곳에서 처음으로 뉴턴을 만났다.

"어제 밤 당신의 편지를 받았소. 내가 당신의 편지에 얼마나 많은 영향을 받았는지는 설명할 수 조차 없소."

– 뉴턴이 파시오에게 쓴 편지

러브레터

파시오와 뉴턴은 급격히 다른 사람이 사이에 끼어들 수 없을 만큼 가
까운 사이가 되었다. 그들은 자주 만났고 철학과 연금술 그리고 종교에 대
해서 논의하였으며 수 많은 편지를 주고 받았다. 그들이 주고 받았던 편지
들 중 지금까지 남아있는 것들은 그들이 최소한 친구 이상의 관계였음을
암시한다. 왜냐하면 남아있는 편지들이 비공식적으로 검열되어 삭제되었
기 때문이다. 뉴턴은 "저는 다음 주에 런던을 방문할 생각입니다. 그리고
저는 당신과 같은 방을 쓰게 되었으니 기뻐해야겠지요."라는 편지를 썼으
며, 그 후로 몇 주 후에는 "당신이 우리 둘을 위해서 동일한 숙소의 같은 라
인의 방을 얻을 수 있는지 아니면 당신이 나와 함께 다른 숙소로 몇시까지
갈 수 있는지 알려주세요." 파시오는 자신이 뉴턴의 제1의 제자라고 자청
했고 파시오는 유럽 대륙으로 보내는 편지에 뉴턴은 "내가 알고 지내는 사
람 중에 가장 정직한 사람 그리고 그 어떤 수학자보다도 능력 있는 사람"
이라며 뉴턴을 찬양했다. 그러고는 뉴턴에 비하면 데카르트의 사상은 '공
허한 것'에 지나지 않는다고 선언했다. 그 이후로 4년 간 뉴턴은 파시오와
각별히 지냈다. 파시오는 자기 자신이 프린키피아의 개정 2판을 책임지고
내게 될 것이라고 허풍을 쳤을 뿐만 아니라(파시오는 프린키피아에 자기
자신의 이론을 대거 넣을 생각이었다) 뉴턴을 보호하고 있던 아리니우스
학파에게 보다 파시오 자신과 더 많이 연금술과 종교적 연구를 공유해야
한다고 주장했다. 파시오와의 관계는 분명 뉴턴이 성인되고 난 뒤에 맺은
관계들 중에 가장 친밀한 것이었다.

자유 행위자

뉴턴의 우주관에서 신의 역할은 무엇이었을까? "시간이 어느 곳
에나 존재하는데 신이 어떤 곳에도 존재하지 않을 수 있는가?"
뉴턴은 출판되지 않은 원고에서 이와 같은 질문을 던지고 있다.
오늘날 많은 사람들이 뉴턴이 세상을 설명하는 방식이 성공한 이
유를 무신론적 유물론으로 돌리고 있지만 정작 뉴턴 자신은 이와
같은 관점에 동의한 적
이 없었다. 뉴턴은 우
주의 조직화는 "그저
자연의 원리로만 설명
된다."고 생각하지 않
았으며 "자유 행위자에
의해 계획되고 고안되
었다."고 생각했다.

**신이 아담에게 생명을 불어넣고 있
는 그림**
뉴턴은 신앙심이 깊었으며 자신의 철학
적 탐색을 종교적 행위로 여겼다.

헤어지다

뉴턴은 파시오에 강하게 심취했던 것으로 보인다. 파시오 드 듀일리에가 뉴턴의 집착을 받을 만한 가치가 있었을까? 이들이 주고 받은 편지는 구애의 성격을 띠고 있었다. 애원하는 편지들은 서로를 애타게 만들었고 얼버무리는 계획들, 강렬한 욕망과 실망을 담고 있었다. 스스로를 연약하게 만들었던 뉴턴은 대가를 치뤘다. 그리고 그 대가는 뉴턴의 정신적 건강이었다.

1690년 초에 뉴턴과 파시오의 관계는 파시오가 뉴턴의 서툰 프랑스어 실력을 다른 사람들은 상상할 수도 없는 방법으로 놀릴 수 있을 만큼 가까웠다. 호이겐스가 새롭게 펴낸 책인 광학이론을 보고 싶었던 어린 스위스 학자 파시오는 건방지게도 "이 책은 프랑스어로 적혀있어요. 그러니 당신은 이 책은 나와 같이 읽는 편이 좋을 겁니다."라고 제안을 하기도 했다. 같은 해 6월 파시오는 유럽을 15달 간 여행하는 배에 탑승했다. 뉴턴이 이 기간 동안에 받은 고통은 뉴턴이 로크에게 보낸 그답지 않은 노트를 보면 알 수 있다. 뉴턴은 로크에게 파시오가 아무 말도 남기지 않았었느냐고 물었다. 파시오가 1691년 9월에 돌아왔을 때 뉴턴은 런던으로 달려가 부두에서 그를 맞이했다. 뉴턴이 파시오를 마중 나온 것은 뉴턴의 가장 친한 친구들에게조차 비밀로 부쳐졌으며 뉴턴은 심지어 대학의 등록부에도 외출 시간을 기록하지 않았다.

제 머리가 이상해졌습니다

11월에 파시오는 캠브리지로 돌아왔다. 그렇지만 파시오는 런던에 돌아오고 나서 병을 앓았다. 1692년 11월 17일 파시오는 뉴턴에게 장황하고 애절한 편지를 썼다. "캠브리지로 돌아와서 나는 심각한 감기에 걸렸고 이 감기가 내 폐를 망가트렸습니다…. 나는 당신을 최우선으로 생각해왔던 내 영혼이 이렇게 평안한 상태를 유지할 수 있다는 것을 신에게 감사합니다. 저는 요즘 머리가 조금 이상해진 것 같습니다. 아마 점점 더 나빠지겠지요…. 제가 세상을 떠나더라도 제 큰형이 저를 뒤이어 당신과 친구가 되기를 바랍니다." 편지에는 이처럼 감상적인 글과 함께 자신이 느끼는 고통과 통증에 대해서도 구체적으로 적혀 있었다. 뉴턴은 굉장히 겁을 먹고 "어제 밤 당신의 편지를 받았소. 내가 당신의 편지에 얼마나 많은 영향을 받았는지는 설명할 수 조차 없소…"라는 편지를 보냈다. 그렇지만 사실 뉴턴이 파시오의 편지를 받았을 때 이미 파시오는 회복된 상태였다(파시오는 이후에 충분히 오래 살았다). 파시오의 건강상태(우울증)는 계속해서 불안했고 1693년 1월 뉴턴은 파시오에게 편지로 다음과 같은 제안을 했다. "나는 런던의 탁한 공기가 당신의 건강에 영향을 미치는 것은 아닐까 불안하오. 그래서 나는 날씨가 여행을 할 수 있을 만큼 좋아지면 당신이 이쪽으로 거처를 옮겼으면 하오." 그러나 뉴턴은 파시오에게 자신이 원했던 답을 들을 수 없었다. 왜냐하면 파시오가 스위스로 되돌아가는 것을 고려하고 있었기 때문이다. 이 두 사람 사이에는 훨씬 많은 편지가 오고 갔다.

그리고 어린 스위스인(파시오)은, 나이 든 뉴턴을 괴롭히며 위험하게도 부주의한 말을 했다. "만약 당신이 내 건강을 염려해서가 아니라 다른 이유로 그리고 비용을 아끼기 위해서 내가 그곳(캠브리지)으로 가기를 원하시는 거라면… 나는 기꺼이 그곳으로 가겠습니다. 만약 그런 것이

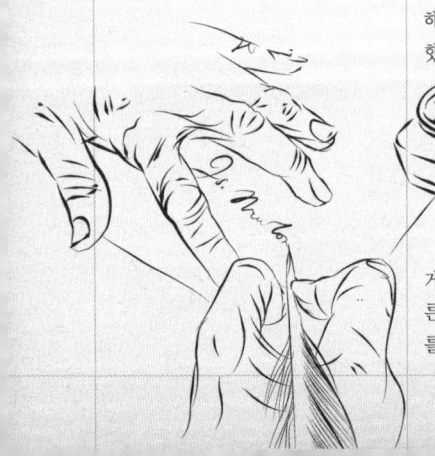

뉴턴과 파시오는 편지를 굉장히 많이 주고 받았다. 그러나 교신이 끝났을 때 뉴턴은 깊은 절망에 빠졌다.

The Tower of London

라면 다음 편지에 솔직하게 적어주십시오." 파시오가 스위스의 형에게 보낸 편지는 더 깊은 의미를 담고 있다. "난 내가 이 편지에 적을 수 없는 이유 때문에 고통스러워…. 이 이유 때문에 나는 아마 앞으로도 결혼하지 못할 거야."

가능하기만 하다면

그러나 파시오는 캠브리지로 오지 않았다. 3월에 뉴턴은 파시오에게 "제 옆방이 비어있습니다…. 이것이 당신이 이곳에서 생활하는 것에 경제적으로 도움이 될 것입니다."라고 편지를 보냈다. 파시오는 한 달 동안이나 답장을 보내는 것을 주저했다. 그리고 파시오는 "가능하기만 하다면 평생 동안 당신 곁에 머무르고 싶습니다."라고 답했다. 이는 뉴턴에게 오는 것이 불가능하다는 의미였고 뉴턴의 수 많은 제안에도 뉴턴에게 되돌아오는 것은 없었다. 뉴턴은 5월 하순과 6월 초순에 2번 런던을 방문했다. 이 두 번의 만남에 대해 남아있는 기록은 없다. 그렇지만 둘 사이에 열렬히 주고받던 편지가 이때를 기점으로 갑자기 끊겼다. 뉴턴은 절망한 나머지 광기를 보이기도 했다. 결론은 피할 수 없는 것이었다. 이 두 남자의 관계는 정신적인 것 이상이었다. 그들이 육체적인 관계를 했던 그렇지 않았건 간에 뉴턴이 이 어린 스위스 청년에 깊게 빠져 있었던 것은 명확해 보인다. 그리고 뉴턴의 허약한 정신으로는 이 강렬한 관계의 끝을 견디기 힘들었다.

"난 내가 이 편지에 적을 수 없는 이유 때문에 고통스러워…. 이 이유 때문에 나는 아마 앞으로도 결혼하지 못할 거야."

– 파시오 드 듀일리에가 형에게 쓴 편지 1692년

건강 쇠약 : 암흑기

프린키피아의 성공과 새로운 정권 아래서의 유명 인사로의 지위는 몇 년 간 뉴턴을 행복감으로 이끌었고 파시오와의 관계는 행복감을 더욱 더 높였다. 1693년에 행복감은 절망으로 바뀌었고 뉴턴의 '암흑기'가 시작됐다. 그의 정신병에 대한 소문이 유럽 전역으로 퍼져나갔고 사람들은 뉴턴이 철학적 정신을 잃었다고 말했다.

1694년 5월 네델란드의 자연 철학자인 크리스티안 호이겐스는 스코틀랜드 사람인 콜에게서 아이작 뉴턴의 광기가 18개월 동안 계속되어 끊임없이 일을 하고 그로부터 얻은 논문을 불에 태우면서 연구 업적을 없애버린다는 소식을 들었다. 친구들은 뉴턴을 감금했으며 뉴턴의 정신병은 그가 자신의 걸작인 프린키피아를 알아보지 못하는 것으로 확인되었다. 호이겐스는 슬프게도 뉴턴이 자연 철학적 정신을 잃어버린 것이라고 결론지었다.

추락의 전설들

호이겐스는 이 이야기를 독일의 수학자이자 철학자인 라이프니츠에게 전했고 이 이야기는 곧 유럽 지식인 전체에게 퍼져나갔다. 1695년 이 소문은 독일을 방문했던 철학가이나 출판업자인 존 월리스의 귀에도 들어갔다. 존 월리스는 요한 스텀에게 뉴턴의 집과 책이 불에 모두 타버렸다는 것과 그 때문에 뉴턴이 "안 좋은 상황을 회피하기 위해 정신장애를 가지게 되었다."고 이야기를 전해 들었다. 월리스는 이 말을 믿지 않았다. 사실 이때까지 뉴턴은 예전의 자신과 다르지 않았다. 뉴턴은 자신의 라이벌과 다투었고 프린키피아의 개정 2판을 내려고 작업하고 있다. 그러나 이상한 일이 벌어졌다. 이것은 심각한 위기였으며 뉴턴은 진정으로 정신장애를 가지게 되었다.

악의를 품고 쓴 편지

뉴턴이 파시오와 갑작스럽게 헤어지고 4개월 후에 뉴턴은 방에 틀어박혀 홀로 지냈다. 그는 다시 연금술을 열정적으로 연구하기 시작했다. 뉴턴의 친구들은 1693년 9월 중순에 뉴턴에게서 2개의 특이한 편지를 받기 전엔 뉴턴에게서 어떤 소식도 듣지 못했었다. 1693년 9월 중순에 2개의 특이한 편지가 뉴턴의 친구들인 사무엘 페피스와 존 로크에게 왔다. 9월 13일에 뉴턴은 페피스에게 편지를 썼다. (왼쪽)

때때로 밀링턴씨가 당신의 편지를 전해 주면서 제가 다음에 런던을 방문하면 당신을 만나야 한다는 압박을 줍니다. 저는 그의 말대로 하기 싫었지만 그가 압박을 하기에 제가 무엇을 하고 있는지를 깨닫기도 전에 그의 말에 동의하였습니다. 저는 제가 속해 있던 혼란 속에서 괴롭힘을 당하는 동안 근 12달 간 잘 먹지도 마시지도 못했으며 이전에는 가지고 있었던 마음의 일관성도 가지지 못했었습니다. 저는 당신의 관심을 끌려 하거나 왕인 제임스의 호의를 얻으려고 노력하지는 않았습니다. 그러나 이제 저는 분별 있게 당신과의 인연을 끊어야만 하겠지요. 그리고 앞으로 당신을 비롯하여 다른 친구들도 더 이상 만나지 않겠습니다. 혹시 마주친다고 하더라도 그들을 조용히 내버려둘 것입니다. 내가 당신이나 다른 이들을 다시 마주치더라도 용서해주시길 바랍니다.

겸손하고 유순한

Is. Newton.

3일 후에 런던에 있는 여인숙에서 뉴턴은 로크를 당황시키는 사죄 편지를 보냈다.(오른쪽)

뉴턴 본인에게 다행스럽게도 뉴턴은 이 방식으로 놀라게 한 사람은 영국에서 가장 감성적이고 친절한 사람들이었다. 로크는 2주의 시간이 흐른 후에 뉴턴에게 그들의 우정을 확인해주는 감동적인 편지를 보냈다. 캠브리지에 있는 조카인 밀링턴으로부터 어떤 연락도 받지 못했던 페피스는 뉴턴에게 무슨 일이 있는지 확인하기 위해 밀링턴에게 연락했고 동원했고 뉴턴은 충분히 괜찮은 것으로 보였다. 어쩌다가 이런 중대 사고가 발생한 것일까?

"저는 제가 속해 있던 혼란 속에서 괴롭힘을 당하는 동안 근 12달 간 잘 먹지도 마시지도 못했으며 이전에는 가지고 있었던 마음의 일관성도 가지지 못했었습니다."

당신이 저를 여성이나 다른 수단을 이용하여 혼란스럽게 만들려 한다는 소문이 있었기 때문에 저는 당신이 병에 걸려 죽었다는 소식을 들은 것만큼이나 슬펐습니다. 그래서 저는 "차라리 당신이 죽었다는 말을 듣는 것이 낫겠어요."라고 답했습니다. 당신이 저의 무자비함을 용서해 주셨으면 합니다. 저는 이제 당신이 해왔던 일에 만족하고 당신에 대해서 그와 같이 잘못된 생각을 한 것에 대해 용서를 구합니다. 그리고 저는 당신이 책을 통해 도덕성의 근간에 직격탄을 날린 것이나 앞으로 출판할 또 다른 책에서 도덕성의 근간을 흔들 것을 표현하기 위해서 당신을 홉스의 철학을 지지하는 사람이라고 생각할 것입니다. 또 저는 저를 사무실에 팔아버리거나 혼란스럽게 하려는 계획이 있었다고 생각했거나 말했던 것에 대해서도 사죄드립니다.

겸손하고 운이 없는

Is. Newton.

로크와 뉴턴

존 로크는 철학적이고 정치적인 영역에서의 뉴턴이라고 여겨진다. 그는 경험주의 철학의 제왕으로 지식이란 본질적인 것이 아니며 경험으로부터 얻어진 것이라고 주장하였다. 로크는 뉴턴의 과학적 방법에 대한 헌신이야말로 그 증거라고 여겼다. 그리고 그들이 1689년에 서로를 소개받은 것은 각자의 미래에 영향을 미치게 될 지성들의 만남이었다.

존 로크
1632~1704

철학자의 독

뉴턴이 갑자기 광기를 가지게 된 것은 충분한 역사적 추측과 면밀한 수사를 통해서 설명되었다. 그 자신이 설명한 이유에 따르면 그는 며칠 동안이나 잠을 제대로 자지 못한 채 이상한 편지를 작성했다. 그리고 감정적인 맥락과 직업적 스트레스로 인해 쇠약해졌다. 그러나 뉴턴의 광기를 설명할 수 있는 외부 요인은 없을까? 수은 중독은 연금술을 하는 사람에게 발병할 수 있는 직업적 위험요소이다. 수은 중독의 증상은 신경과민의 정신장애를 포함한다.

뉴턴은 원인을 알 수 없는 자신의 착오에 대해서 재빨리 사죄했다. 그는 페프스의 조카인 밀링턴에게 자신이 "심신 이상으로 머리가 이상해졌고 5일 밤 동안 잠을 제대로 자지 못한 상태에서… 매우 이상한 편지를 썼다."고 편지를 보냈다. 뉴턴은 이와 같은 이야기를 로크에게도 공들여 전했다. "열병으로 너무 자주 잠을 자는 바람에 지난 겨울 저는 잘못된 수면 습관과 병을 얻게 되었고 이것들이 이번 여름에 제가 급속히 정신을 잃도록 만들었습니다. 그래서 제가 당신에게 편지를 썼을 때 저는 2주 동안 하루에 한 시간씩 밖에 자지 못했으며 5일 밤 동안은 한숨도 자지 못한 상태였습니다. 저는 제가 당신에게 편지를 썼던 것은 기억하지만 제가 당신의 책에 대해 어떤 말을 했는지는 기억하지 못합니다." 밀링턴이 "뉴턴이 경도의 우울증을 보이는 것 같아 두렵다…"고 말하긴 했지만 모든 일은 끝이 났다.

수은 광기

뉴턴 스스로 '병'이라고 진단 내린 것은 많은 것을 설명하지는 못한다. 그것은 그저 기분의 장애가 있다는 것을 의미하는 것이고 그런 설명은 의문만을 만들어낼 뿐이다. 최근에는 뉴턴의 증상을 설명하는 다양한 설명법이 있다. 가장 유명한 것은 뉴턴이 아마 수은 중독이었을 것이라는 설명이다. 수은은 매우 독성이 강한 물질로 노출에 의해 중독된다. 액체 상태일 때는 상대적으로 안전하여 마신다고 하여도 커다란 위험이 되지는 않는다. 그러나 증기 상태의 수은은 폐를 통해 흡수될 수 있고 불면증과 함께 혼동, 기억 손실, 과대망상증과 같은 신경학적 문제를 지속적으로 발생시킨다. 이 모든 증상은 뉴턴에게서 발견되었다. 연금술 실험은 수은을 많이 사용하고 수은을 가열하면 쉽게 수은 증기가 발생된다. 뉴턴의 실험도 다르지 않았다. 그는 분명히 높은 수준으로 수은에 중독되어 있었다. 그리고 분명히 뉴턴의 정신 질환은 연금술 활동을 한 이후에 나타났다.

뉴턴의 머리카락 샘플을 바탕으로 실시한 분석에서 높은 수준의 수은이 검출되었으며 이는 수은 중독설을 지지한다. 뉴턴이 오랫동안 연금술을 계속해온 것을 고려해볼 때 이런 결과가 나오지 않는 것이 이상할 것이다. 그러나 이러한 분석 결과가 결정적인 것은 아니다. 뉴턴의 머리카락 샘플이 진짜인지에 대한 문제를 고려하지 않더라도 수은 중독을 정확히

수은
한번 혈류 속으로 흡수되면 신경세포의 물질대사를 망가트려 정신적인 문제를 일으킬 수 있다.

> *"…제가 당신에게 편지를 썼을 때 저는 2주 동안 하루에 한 시간씩밖에 자지 못했으며 5일 밤 동안은 한숨도 자지 못한 상태였습니다."*
>
> – 뉴턴이 로크에게 쓴 편지

왕의 죽음

뉴턴보다 수은 중독으로 훨씬 더 그럴 듯한 예는 1685년에 갑자기 병환에 들어 경련과 언어 장애를 보였던 찰스 2세이다. 이 왕은 장난 삼아 연금술을 즐겼고 웨스트민스터에 있는 궁전의 지하실에 실험실을 가지고 있었다. 이곳에서 왕은 액체 상태로 움직이는 수은을 '고정'하고자 했고 수은을 고정하는 과정에는 수은을 가열하는 것이 포함되어 있었다. 현존하는 찰스 2세의 머리카락 샘플은 수은 독성을 보여줄 뿐 아니라 검시 결과에도 그의 뇌척수액이 탁하다는 내용이 있었다. 뇌척수액이 탁하다는 것은 수은 증기 흡입으로 인한 심각한 수은 중독으로 뇌혈관 장벽이 파괴되었다는 것을 의미한다.

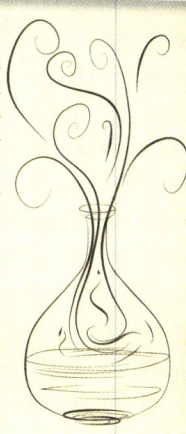

엘리후 베더가 그린 죽음의 연금술

연금술사에게는 독성을 가진 증기를 흡입하는 것은 직업적 위험요소라고 할 수 있다. 수은은 특히 위험하다. 왜냐하면 수은의 증기는 보이지도 않고 냄새도 없기 때문이다.

지적하는 것은 불가능하다. 무엇보다 뉴턴은 수은 중독임을 보여주는 다른 증거들 즉, 손 떨림, 치아의 유실 등의 증상을 가지고 있지 않았다(뉴턴은 죽을 때에도 한 개를 제외한 모든 치아를 가지고 있었다). 몇몇 권위자들은 이 시기의 그의 글이 거미 다리 같이 가늘고 길었다고 즉, 손이 떨린 그림이 있었다고 주장한다. 그러나 웨스트폴은 이에 동의하지 않는다. "내가 뉴턴의 손을 매우 면밀히 살펴보았음에도 불구하고 나는 손 떨림을 볼 수 없었다." 사실, 뉴턴은 빠르게 회복되었고 이후에는 건강했으며 장수했다. 이와 같은 것들이 만성 수은 중독이라는 설명에 맞지 않는다. 그러나 아마 수은 증기의 독성에 한번 노출되어 이와 같은 일들이 발생했다는 설명은 가능할 것이다.

허약한 정신

그러나 꼭 수은을 가지고 설명을 할 필요는 없을 것이다. 뉴턴의 어린 시절과 끊임없이 이어지던 사람들과의 불화는 그의 정신이 허약했다는 증거라고 할 수 있다. 몇 년만에 그의 삶과 그가 가지고 있었던 자신에 대한 이미지의 대대적으로 변화, 특히 파시오와의 관계에서 있었던 감정 소모와 관계의 급작스런 결말이 정신적인 문제의 원인이 되었다는 것은 쉽게 생각해볼 수 있는 일이다. 뉴턴은 자신의 사고에 갇혀 있었고 혼자서는 받아들이거나 이해하기 어려웠던 감정과 욕구에 직면해 있었으며 수면이 부족하고 혼란스러웠기 때문에 신경 쇠약은 피할 수 없는 것이었다.

조폐국

뉴턴은 자신의 분별력을 발휘하기 위한 새로운 기회를 잡았다. 비록 새로운 기회는 뉴턴의 놀라운 과학적 성과들과는 거리가 있었지만 나름의 방식으로 굉장히 중요했다. 이제 뉴턴은 나라를 파멸에서 구하는 일을 맡게 되었다. 조폐국의 관리인으로 임명된 뉴턴은 곧 이 오래된 기관을 완전히 자신의 영향력 아래 두었다.

뉴턴이 우울증을 겪은 이유들 중에 하나로는 깨달음의 부재가 있었다. 50대가 된 뉴턴은 이미 훌륭한 지적 성취를 이루어낸 상태였다. 그러나 그는 계속해서 연구해왔던 통일이론을 발견하지 못했고 포괄적인 달의 이론을 개발하는 것에 대해서도 좌절을 겪고 있었다. 뉴턴은 새롭게 도전할 거리가 필요했으며 캠브리지의 대학에서 일은 하지 않고 시간만 보내는 사람과는 전혀 다른 부류의 사람이었다. 뉴턴은 다른 사람의 인정과 새로운 정권에서 줄 보상을 열망했다.

우정의 증거

영광스러운 혁명 이후에 뉴턴에게 적합한 보상을 해주려는 노력은 계속되어 왔다. 그러나 뉴턴은 영국 정치사에서 휘그당의 편에 서 있었고 처음에는 라이벌 정당인 토리당이 정권을 가지고 있었다. 그러나 1695년 사태는 반전되어 휘그당이 정권을 잡게 되고 뉴턴과 대학 시절부터 알아왔던 친구인 몬태규가 상급 법원의 대법관으로 임명되었다. 뉴턴이 조폐국에 자리를 잡게 될 것이라는 소문이 돌았는데 조폐국의 자리는 전통적으로 돈을 많이 주지만 일은 많지 않은 명예직이었고 각각의 화폐를 주조하는 전권을 소유한 사람으로 불릴 수 있는 자리였다.

뉴턴은 1696년 3월 14일에 핼리에게 이 소문이 사실이 아니라며 편지를 보냈다. "제가 조폐국에서 승진할 것이라는 소문은 잘못된 것입니다. 저는 당신이 이 소문을 없애는 것을 도와주셨으면 합니다…." 뉴턴은 거짓말을 한 것일까? 아마도 그럴 것이다. 5일 후에 몬태규로부터 온 편지(밑의 글을 참조)는 뉴턴이 조폐국의 관리인이 되었다는 소식을 담고 있었다.

비록 관리인은 조폐국장의 수하이긴 하지만 관리인은 실질적으로 조폐국을 경영하는 직책이었다. 전통적으로 두 직책 모두 다른 사람을 부리는 역할만 하면 되었다. 그렇기 때문에 "출근을 하는 것 외에 할 일이 많

뉴턴 경

저는 당신에게 제 우정의 증거를 보여드릴 수 있게 되어 매우 기쁩니다…. 왕께서는 저에게 뉴턴 경을 조폐국의 관리인으로 임명할 것이라고 약속하셨습니다. 조폐국의 관리인은 당신에게 가장 적당한 자리라고 생각합니다. 그 자리는 연간 500에서 600파운드의 가치가 있으며 출근하는 것 외에 당신이 해야 할 일은 별로 없습니다.

조폐국의 간략한 역사

에드가 왕은 9세기에 영국에서 통용되는 화폐를 통일했다.
"왕이 다스리는 영토 내에 하나의 화폐만이 통용되도록 하
라… 도량형을 통일하라. 이와 같은 일들이 런던에서 발생했
다." 13세기 말에 조폐국은 런던 타워로 옮겨갔고 이 시기에
에드워드 1세는 조폐국장이라는 직책을 신설했다.

영국 조폐국의 장식

> *"나는 어떤 사람에게도 화폐 개발에 대해서 알리지 않겠습니다.
> 또 나는 화폐를 이용하여 위기를 조장하거나 직접적으로든 간접적으로든
> 화폐를 위조하지 않겠습니다. 그러니 신이시여 저를 도와주십시오."*

– 조폐국에서 근무하는 첫날 뉴턴이 했던 맹세

지 않았다." 그러나 아이작 뉴턴은 다른 방식으로 일
을 처리하였다.

캠브리지여 안녕!

1696년 4월 20일, 몬태규로부터 편지를 받은 지
4주 후에 뉴턴은 트리니티를 떠났다. 뉴턴은 이미 교
수로서 학생들을 가르치는 것을 그만 둔지 오래되어
지난 5년 간 강좌를 열지 않았었다. 뉴턴의 캠브리지
에서 35년을 지낸 이후이기 때문에 그가 몇몇 장소나
사람들에게 애착을 느꼈을 법도 하지만 이후에 그는
딱 한번 단 며칠 간 캠브리지에 다시 방문했었으며
알려진 바에 의하면 대학에 있던 어떤 사람에게도 한
줄의 편지도 보내지 않았다.

타워에 도착한 뉴턴은 그의 구역이 건강에 좋지
는 않다는 것을 알아차렸다. 방은 작았고 정원은 햇빛을 받지 못했으며 돈
을 찍어내는 소리는 새벽 4시부터 오후 12시까지 쉬지 않고 들렸다. 그리
고 300여명의 인부와 수십 마리의 말이 만들어 내는 냄새도 상당히 고약
했다.

트리니티에 있는 조용한 방은 이곳에서는 상상하기 힘들었다. 그러나
뉴턴은 여기에 동요하지 않았다. 그는 일을 하기 위해 그곳에 있었으며 나
라가 위기에 처하는 그 순간 이곳에 도착했다.

찰스 몬태규(1661~1715)
본래 시인이었으나 정치가가 되었
다. 후에 할리팍스 지역의 백작 자
리에 오른다.

구원자 뉴턴

뉴턴은 나라의 화폐 시스템 운영에 위기가 있었을 때 조폐국의 관리자로 임명되었다. 나라가 제조하는 화폐는 지위가 격하되어 있었으며 신뢰받지 못하고 있었고 경제는 붕괴 직전까지 다가가 있었다. 문제를 해결하기 위해서는 뉴턴의 모든 에너지, 고도의 집중력, 성실함, 그리고 기술력을 필요로 했다. 뉴턴은 자신의 방법으로 이 일을 해결하기를 강하게 요구했으며 그가 흔히 그랬듯이 이의는 허용되지 않았다.

영국의 화폐 제조문제는 백 년까지는 아니어도 수십 년 간 악화되어 왔다. 모든 사람들이 화폐가 액면 그대로의 가치를 지니고 있다는 사실 즉, 화폐가 귀중한 금이나 은을 정량만큼 포함하고 있다는 것을 신뢰하는 것은 상업의 흐름과 경제 기능을 위해서 절대적으로 필요한 것이었다. 그러나 몇 년 간 계속된 무능한 화폐 제조로 통일된 나랏돈을 제공하는 것은 시대에 뒤떨어진 것이 되어버렸고 위조지폐를 제작하는 사람들과 화폐를 깎아서 사용하는 사람들에게 이용당했다.

질이 나쁜 돈

당시 널리 쓰이고 있는 화폐는 대개 엘리자베스 1세 시대에 만들어진 것이었다. 그리고 일부 화폐는 에드워드 4세까지도 거슬러 올라간다. 조악한 화폐 제조술 때문에 화폐는 쉽게 위조되거나 깎여 나갈 수 있었다 (위조화폐는 값이 덜 나가는 주석 등으로 만들어졌다). 화폐를 깎는 사람들은 동전의 한 부분을 깎아내고 깎아낸 조각을 모은 뒤 녹여 진짜 화폐인 것처럼 다시 주조했다. 무게의 문제도 심각했다. 마침내 오래된 화폐들이 소환되었다. 당국에 의해 측정된 오래된 화폐의 무게는 법에 명시되어 있는 무게의 54퍼센트 밖에 나가지 않았다. 가게의 주인들은 손님들을 믿지 않았고 질 나쁜 돈을 보상하기 위해 물건의 가격을 올렸다. 봉급을 받아 생활하는 사람들은 봉급으로 받은 화폐를 신뢰할 수 없었다. 폭동은 점점 일상화되어 갔다.

화폐의 개주(改鑄)

1660년대에 프랑스로부터 도입된 화폐의 가장자리를 톱날처럼 울퉁불퉁하게 만드는 기술은 화폐를 조금씩 깎아내어 위조화폐를 제조하는 것을 막기 위해 도입되었다. 그러나 이 기술의 도입은 실패하였다. 부도덕하게 돈을 모으는 사람들은 가치 있는 새 화폐를 수집하여 녹인 후 금괴로 만들었다. 그들은 옛돈을 받고 금괴를 팔아 부당한 이득을 챙겼다. 뉴턴의 스폰서였던 몬태규는 야심 차게 화폐 개주를 시작했다. 화폐 개주란 오래된 화폐를 한꺼번에 소환하여 수없이 많은 위조화폐들을 회수하고 새로운 화폐를 공급하는 것을 의미한다. 그러나 오직 훌륭한 재능을 지닌 관리자만이 이런 복잡한 프로그램을 성사시킬 수 있었다.

조폐국의 상태

뉴턴은 조폐국에 도착하자마자 일에 착수했다. 뉴턴은 일이 시작하는 4시부터 일이 끝나는 자정까지 조폐국을 지켰다. 화폐가 주조되는 과정 하나하나를 분석한 뉴턴은 능률적이지 못한 과정과 병목 현상이 발생하는 지점을 찾아냈다. 뉴턴은 화

영국의 화폐제도는 구식이었으며 낡은 것이었고 위험했으며 돈의 가치에 대해서 대중의 신뢰를 받지 못하였다.

조폐국은 화폐의 가장자리를 울퉁불퉁하게 만들어 가장자리를 깎아내어 위조화폐를 만드는 것을 방지했다.

> "2대의 제분기와 4명의 제분업자 12필의 말과 2명의 마부, 3명의 재단사, 2명의 아첨하는 사람, 8개의 가위, 3명의 표백하는 사람, 2명의 표시하는 사람, 2개의 인쇄기와 인쇄기를 잡아당기는 14명의 사람들이 하루에 3000파운드의 화폐를 만들어야 한다." – 뉴턴의 화폐 제조 과정의 분석 중에서

폐 주조 공정을 간소화하고 최적화하였다. 그는 자신이 가지고 있던 연금술에 대한 지식을 총 동원하여 가공되지 않은 재료로 가장 좋은 가치를 갖는 화폐로 만들기 위해 노력했으며 금속을 제련하는 과정과 주조하는 과정 모두를 철저히 감독했다. 뉴턴의 탁월하고 정밀한 감독하에서 화폐를 제조하는 과정은 굉장히 효율적으로 변모하였다. 1969년의 초반 4달 동안만 해서도 약 33만 파운드가 새 화폐로 교체되었다. 1969년 6월 24일까지 총 4,706,003파운드가 교체되었다. 뉴턴은 이 과제를 성공적으로 이루어내기 위해서 정보와 힘 두 가지가 필요했다. 뉴턴은 과제를 해결하기 위해 늘 그가 해오던 방식으로 일에 접근하였다. 뉴턴은 관련 지식을 충분히 연구하여 '조폐국에 대한 관찰', '분석에 대하여', '화폐를 제조하는 과정에 대하여'라는 제목으로 체계적인 노트를 만들었다. 뉴턴은 경제학 분야, 화폐 체계, 그리고 경제 이론의 전문가가 되었다. 그러나 조폐국은 정치권의 방해를 받고 우선권을 다투는 낡은 기관이었다. 뉴턴은 자신의 힘을 키우기 위해서 관리인이 과거에 가졌던 특권을 달라고 거듭 주장했다. 뉴턴은 그 특유의 열정으로 고문서를 연구하였고 자신의 연구를 요약하여 복잡한 칙령을 발표하였다. 뉴턴은 '프라스카 사피엔시아'라는 문서를 발견했고 원본을 재구성하여 보고서를 작성하였으며 그 결과 뉴턴이 1696년에 쓴 보고서에는 완벽한 신조를 담게 되었다. '조폐국의 지위', '관리자의 권한'은 사라졌고 거부되었으며 그 결과 조폐국의 경영은 힘을 잃었다. "나 또한 관리자에게 과거의 권한을 다시 부여하는 것보다 더 적절하고 쉬운 치료법을 찾을 수 없었다." 때마침 조폐국장이 1699년 12월에 죽었고 뉴턴은 그의 뒤를 이었다. 뉴턴은 그의 뒤를 잇기 전에도 이미 조폐국장과 비슷한 힘을 가지고 있었다.

제분업자의 이야기

위조화폐를 만드는 사람들과 질이 떨어지는 화폐와의 싸움에서 가장 중요한 것은 화폐의 가장자리나 화폐 제조기이다. 화폐 제조기는 프랑스에서 개발되었으며 프랑스어를 읽을 수 있는 어떤 사람이라도 화폐 제조기에 대한 정보를 충분히 얻을 수 있었다. 그러나 영국의 조폐국은 화폐를 제조기에 대한 보안을 철저히 했으며 이 기계를 개발한 피터 블론도가 혼자서 모든 화폐의 가장자리를 깎았다.

십자군의 복수

뉴턴이 조폐국에서 위조화폐를 제조하는 사람들이나 다른 화폐 범죄자들에 대항하는 십자군 역할을 한 방법에서 뉴턴의 기괴한 성격을 엿볼 수 있다. 뉴턴은 범죄자들을 잡아들이는 과정을 감독했을 뿐만 아니라 개인적 정보원의 네트워크를 만들고 용의자를 잡아들였으며 죄수들을 심문했다. 법의 권력을 휘두르는 뉴턴은 무자비했다.

뉴턴은 어린 시절부터 성격에 어두운 면이 있었기 때문에 깊은 화를 의미하는 복수심과 지배욕을 병적으로 가지고 있었다. 이제 그는 삶과 죽음을 조절할 수 있는 힘을 가졌고 그는 잔혹하게 이 힘을 사용했다. 위조지폐를 만든 사람을 찾아내고 포획하는 일도 조폐국 관리인의 소관이었다. 대게 관리인이 직접 이 일을 수행하지는 않았지만 화폐를 개주하는 작업이 1698년에 끝나자 뉴턴은 기꺼이 이 일을 받아들였다.

지하세계

뉴턴은 11개의 나라에 정보원과 대리인의 네트워크를 만들었다. 뉴턴은 심지어 종종 그들에게 사비로 비용을 지급했다. 뉴턴은 험프리 홀에게 화폐를 주조한다고 알려져 있는 갱들과 대화를 나누기에 적합한 옷을 사서 입으라고 5파운드를 주었다. 뉴턴은 끊임없이 세세하게 위조화폐와 관련된 사람의 정보를 노트에 적었다. 뉴턴의 작업은 정보 제공자에게 보상을 해주는 새로 공시된 법 때문에 복잡했다. 새로운 법 덕분에 위조 화폐를 만드는 것과 관련된 정보가 폭풍처럼 쏟아졌기 때문이다. 뉴턴은 "내 대리인들과 증인들이 성공해야 한다는 압박과 돈을 위해 일한다고 비난받는 것 때문에 풀이 죽었어"라고 불평했다. 뉴턴은 자신이 직접 정보 제공자를 양성하는 것을 선호했다. 그리고 뉴턴은 종종 가장 하위 계층이 있는 곳으로 직접 뛰어들어 정보원들이 가져오는 단서를 들었다. 뉴턴이 이 기간에 사용한 경비에는 '선술집과 감옥을 비롯하여 위조지폐를 만드는 사람을 잡기 위한 장소'에서 사용한 돈이 포함되어 있었다. 뉴턴은 정의를 실현하기 위해서 다양한 나라에서 자신의 사비를 사용하였으며 이 때문에 뉴턴은 범죄자들과 알고 지낼 수 있었다. 용의자가 잡혀오면 뉴턴은 직접 용의자를 심문했다. 1698년 6월에서 1699년 12월 사이의 기록은 그가 200여명의 용의자와 정보원 그리고 목격자를 교차 심문했음을 보여준다.

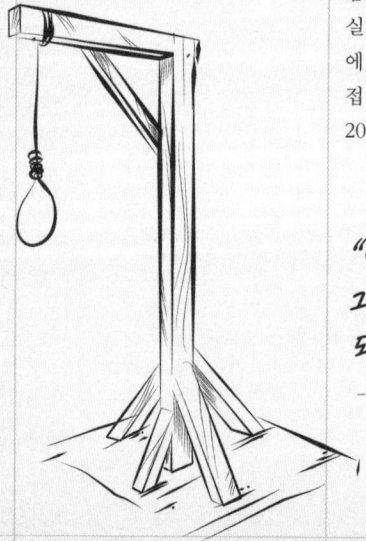

"범죄자들은 개와 같아서 항상 그들의 토사물(범죄를 저지른 장소)로 되돌아오지."

– 뉴턴이 의역한 잠언 26:11

뉴턴 vs 샤로너

　　뉴턴은 지하세계의 위조지폐 개발자들에게 위협적인 존재가 되었다. 1699년 2월의 어느 날, 뉴턴은 뉴게이트 감옥에서 교수형에 처해질 10명의 죄수와 있었다. 뉴턴은 주저하지 않고 도둑맞은 몇 페니를 찾기 위해 남편을 잃을 부녀자들과 그들의 아이들을 샅샅이 뒤질 만큼 무자비했으며 소문난 위조범인 윌리암 샤로너와의 일화에서 알 수 있듯이 완강했다.

　　유명한 프로파일을 가지고 있는 샤로너는 대머리였으며 카리스마를 가지고 있었으며 상류 사회에 대한 경험이 있었다. 샤로너는 감옥에 들어갔다가 나온 경험이 있었다. 뉴턴은 1697년에 뉴게이트에서 샤로너를 체포하는데 성공하였었다. 그러나 샤로너는 의회에서 자신을 지켜주는 사람 덕분에 석방되었다. 뉴턴은 쉽게 포기하지 않았다. 그러나 1699년 1월까지 때를 기다린 뉴턴은 정보원에게서 샤로너를 다시 한번 체포할 수 있는 증거를 받았다. 뉴턴은 이번엔 실수하지 않았다. 샤로너는 애처롭게 마지막 변론을 하였다. "뉴턴 경, 제발 인정을 베풀어 살려만 주십시오." 하지만 그것은 귀머거리에 말하는 것과 다를 바가 없었다. 샤로너는 타이번에서 교수형을 당하고, 끌어내려져서 몸이 4등분으로 나뉘어졌다. 뉴턴의 이와 같은 열정은 뉴턴을 싫어하는 적들을 만들어냈다. 뉴게이트의 한 의사가 감옥에 갇힌 죄수를 엿듣고 옮겨 적은 글에는 "화이트필드는 조폐국의 관리인은 깡패라고 말하며 만약 제임스 왕이 되돌아온다면 제임스가 뉴턴을 쏴버릴 것이라고 말했다. 그러자 볼은 피가 끓는다며 자신은 조폐국의 관리인을 모르지만 그 놈을 찾아내고 말 것이라고 대답했다."

베르누이의 최속강하선

뉴턴은 조폐국의 관리인으로 일을 하는 도중에도 그의 수학적인 실험을 계속했다. 1697년에 스위스의 수학자인 요한 베르누이는 라이프니츠와 함께 명백히 풀 수 없을 것으로 보이는 문제를 출제했다. 이 문제를 최속강하선 문제라고 부른다. 그들은 이 문제로 화폐를 개조하느라고 바쁜 뉴턴을 당황하게 만들고 싶어 했다. 뉴턴은 이 문제를 몇 시간 안에 풀어버리고 이름을 밝히지 않은 채 출판했다. 베르누이는 뉴턴의 글씨체를 알아보았고 'tanquam exungue leonem'(사자는 발톱만 보고도 알아차릴 수 있다.)라고 말했다.

고트프리트
라이프니츠
1646~1716

요한
베르누이
1637~1748

왕립 학회의 부흥

1701년에 뉴턴은 마침내 루카스 석좌교수를 사임하고 캠브리지를 떠났다. 이제 뉴턴은 정치적 조류의 영향을 받아 런던 사람이 되었다. 1702년에 앤 여왕이 왕위에 오른 것은 뉴턴의 권력을 뒷받침해주는 휘그당의 퇴출하는 것을 의미하는 것이었다. 그러나 다행스럽게도 뉴턴의 숙적인 로버트 후크가 죽음으로써 뉴턴은 중요한 학회인 왕립 학회의 수장이 되는 새로운 기회를 잡을 수 있었다.

18세기 초에 왕립 학회는 슬프게도 쇠퇴했다. 1670년대에 200여명으로 최고점을 찍었던 왕립 학회의 회원은 거의 절반으로 줄어들었다. 학회는 경제적인 위기가 왔고 거의 파산할 지경에 이르렀다. 경제적 불안으로 왕립 학회는 그들이 연회를 열었던 공간과 재개발되고 있던 그랜섬 대학의 도서관에서 쫓겨날 위험에 처했다.

매우 적절한 강연

토론이 허황되고 종잡을 수 없게 되자 학회에서 지성의 입지도 점차 쇠퇴하였다. 한스 슬로안이나 존 우드워드와 같은 저명한 의사들의 영향력은 대체 의학에 의해 왜곡되었다. 예를 들어 1699년 5월에 반 드 벨브드는 "소의 오줌을 1파인트만큼 먹으면 더러움이 제거되거나 토해내면서 안락함을 찾을 수 있다."고 말했고 그의 말은 소의 오줌의 치료 효과에 대한 활발한 논의를 이끌어냈다. 이로부터 한달 뒤에 볼 수 있었던 전형적인 토론 중 하나를 소개하자면, 우드워드 의사는 "소의 오줌은 물도 아니고 영양물질은 더더군다나 아니다."라면서 모호한 의견을 제시했다. 이것에 대해서 부총리는 "꽃의 향기는 아침에 맡을 때 좋다."며 애매한 대답을 했고 슬로안 의사는 이것이 "이곳에 매우 적절한 강연이었다."라고 말했다.

세력을 얻다

뉴턴이 런던에서 머물게 된 후 몇 년이 지났음에도 불구하고 여전히 모임에 참석하지 않았다. 그가 모임에 참석하지 않은 것은 의심할 여지없이 뉴턴의 위협적인 적인 로버트 후크의 존재 때문이었다. 그러나 후크는 1703년 3월에 세상을 떠났고 그 다음해 11월 30일에 열린 모임에서 뉴턴은 회장으로 선출되었다. 뉴턴의 정신분석적 전기를 쓴 프랭크 마누엘은 뉴턴이 학회에 모습을 드러냈을 때마다 자신의 인격을 확장해 나갔다고 지적한다. 왕립 학회 역시 다르지 않았다. 뉴턴이 완벽히 조절을 할 수 있는 위치에 다다르자 뉴턴은 자신의 에너지와 성실성을 바탕으로 왕립 학회의 운명을 완전히 바꾸어놓았다. 뉴턴은 거의 모든 모임에 참석하였고 그가 회장으로 있었던 20년 간 3번만 모임에 참석하지 못했다. 그리고 뉴턴은 자신이 읽은 모든 논문에 조언을 해주었다. 뉴턴은 기어코 왕립 학

"회장은 논의를 정식으로 기록할 준비도 하지 않았으면서(아주 예의 바르지는 않은 것 같았다.) 거리낌없이 자신이 이사를 해야만 하는 타당한 이유들을 가지고 있다고 말했다."

회를 자신이 과거에 보았던 왕립 학회가 원래 지녔던 소관을 회복하도록 만들 작정이었다. 뉴턴은 곧바로 실험의 관리인을 새로 임명하였고 이후에 또 한 명 임명하였다(둘 모두 뉴턴의 사람이었다). 그리고 그는 논문에 나와있는 실험을 반복할 것을 권장하였다. 하루아침에 변화가 성공하지는 않았다. 왕립 학회는 여전히 일부 실험보다는 여흥에 더 적합한 것, 예를 들어 학회는 '네 마리의 돼지는 모두 마치 살해당한 암퇘지에서 태어난 한 마리처럼 자라났다.'나 '사회에 종속되어 있던 주머니쥐의 음경은 최근에 사라졌다.'와 같은 것들을 전시했다. 두 작품 모두 1709년에 전시되었다. 그러나 점차 왕립 학회는 점차 변화되었고 그의 임기 동안에 왕립 학회의 회원은 두 배 이상 늘었으며 학회의 경제적 불안도 구제되어 굳건한 입지를 다지게 되었다.

아주 예의 바르지는 않았다

　　그러나 뉴턴은 회장직을 할 때도 어두운 면을 가지고 있었다. 그는 독재자였고 강압적이었으며 자기 잇속만 차리는 사람이었다. 그는 아첨하는 사람들로만 위원회를 만들었고 왕립 학회를 플램스타드와 라이프니츠에게 개인적인 복수를 하는 도구로 사용하였다. 뉴턴의 통치 스타일은 그가 왕립 학회의 거처를 플리트 가 앞의 크레인 코트로 옮기는 것을 과정을 어떻게 처리했는지를 살펴보면 알 수 있다.

　　이제 뉴턴 경이된 아이작 뉴턴은(뉴턴은 1705년 4월에 이미 기사직을 수여했다.) 1710년 9월 1일에 자신의 계획을 알려주기 위해서 특별회의를 소집했다. 기분이 상한 동료가 쓴 소책자를 보면 "회장은 논의를 정식으로 기록할 준비도 하지 않았으면서(아주 예의를 바르지는 않은 것 같았다.) 거리낌없이 자신이 이사를 해야만 하는 좋은 이유들을 가지고 있다고 말했다."고 기록되어있다.

　　오래된 원한은 쉽게 없어지지 않았다. 유일하다고 알려져 있던 후크의 초상화는 이사를 하는 동안 기이하게도 사라져버렸다.

교차되는 평가

어떻게 뉴턴이 회장이 될 수 있었는지는 명확히 알 수 없지만 뉴턴의 까다로운 성격을 알고 있었던 많은 회원들이 두려워하지 않았다는 증거가 있다. 회장으로 선출되기 위해서 뉴턴이 가장 먼저 해야 할 일은 위원회를 선출하는 일이었는데 회원들 중 절반이 선거를 하는 것을 거부했고 그것은 이후에도 마찬가지였다.

플리트 가에 있는 크레인 코트는 뉴턴의 선동과 주장에 의해서 구매되었고 왕립 학회에게 처음으로 고정된 거처가 되었다.

빛의 성질에 대한 설명

뉴턴이 과학 분야에서 한 첫 번째 발견은 빛과 색의 실험으로 알아낸 광학에 대한 것이었다. 그러나 1670년대에 특히 후크로부터 자신의 이론에 대해 거센 공격을 받자 뉴턴은 자신의 이론 전문을 발표하는 것을 단념하였다. 그러나 그랬기 때문에 뉴턴은 좀더 많은 실험적 증거를 모을 수 있었고 자연의 비밀에 대해서 좀더 탐구할 수 있었다. 이제 그는 자신의 두 번째 걸작을 발표할 준비가 되었다.

뉴턴은 빛과 색에 대한 완전한 이론을 발표해달라는 요청을 받았다. 존 윌리스는 뉴턴에게 이론 발표를 서두르라고 재촉했다. "당신은 대담하게도 이론을 발표하지 않을 것이라고 말했습니다. 왜 발표를 하지 않는 것입니까? 지금 발표를 하지 않는다면 언제 발표를 할 것입니까? 당신은 제가 문제를 일으킬 것 같다며 덧붙여 말했습니다. 지금 발표하는 것이 나중에 발표하는 것보다 더 문제를 일으킨다고 생각하십니까? 그러는 동안에 당신은 이론에 대한 평판을 잃게 되고 우리는 혜택을 받지 못하게 됩니다." 뉴턴은 1703년 갑자기 상황이 변하기 전까지 몇 년 간이나 저항을 하며 이론을 발표하지 않았다. 후크가 세상을 떠나고 뉴턴이 왕립 학회의 지위에서 명망을 얻기 위해서 뉴턴은 시간을 조금 낭비했다. 광학(혹은 빛의 반사, 굴절, 색깔에 대한 논문)은 왕립 학회의 1704년 4월 16일 회의에서 발표되었다. 도서 저널은 "핼리씨는 이 논문을 정독하기를 열망했었고 왕립 학회에서 이 논문의 초록을 받았다. 왕립 학회는 회장이 이 책을 발표하고 출판해주신 것에 대해서 감사를 표했다."고 기록하고 있다. 뉴턴은 서문의 역할을 하는 한 '광고'에서 "이 문제에 대한 논쟁을 피하기 위해서 나는 지금까지 출판을 미뤄왔다…."고 설명하고 있다.

더 나은 방식

광학은 프린키피아와는 매우 다른 책이었다. 이 책은 영어로 쓰여 있었으며 수학적 내용은 거의 포함하지 않고 있었다. 또 비교적 쉽게 이해할 수 있도록 되어 있었으며 그럼에도 더 큰 영향력을 가지고 있었다. 1706년에 라틴어 번역본이 나오자 이 책은 유럽 전역으로 퍼져나갔다. 광학의 첫 부분은 실험에 대한 설명으로 이어져있다. 이론이 세워지고 실험으로 검증되었으며 법칙이 유도되었다. 이 책은 효과적인 새로운 실험 철학의 안내서였고 그렇기 때문에 과학의 필수적인 교재가 되었다. 뉴턴은 다시 한 번 이 주제에 대한 자신의 업적을 이전의 바보 같은 설명들의 차이를 간결히 설명하였다. "내가 이 책에서 사용한 방식은 가정에 의해 빛의 성질을 설명하는 것이 아니라 가설을 제안하고 그것들을 추론과 실험들로 증명하는 것이다."

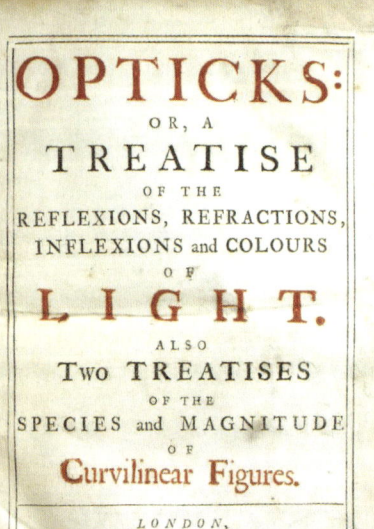

1704년에 출판된 뉴턴의 광학 1판의 속표지

"내가 이 책에서 사용한 방식은 가정에 의해 빛의 성질을 설명하는 것이 아니라 가설을 제안하고 그것들을 추론과 실험들로 증명하는 것이다."

빛의 마루와 골이 상쇄되어
나타난 검은색 고리

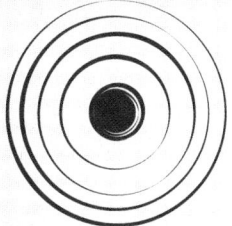

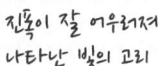

진폭이 잘 어우러져
나타난 빛의 고리

평면 유리 위의
볼록렌즈

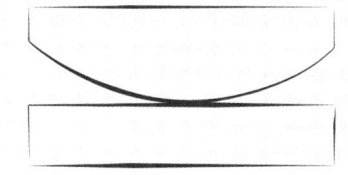

뉴턴링
중심이 같은 빛의 고리와 어둠의 고
리가 번갈아 나타난다.
뉴턴링은 빛의 파동들이 평면 유리의
표면과 볼록렌즈의 표면 사이를 앞
뒤로 튀면서 간섭하여 나타나는 현상
이다.

무지개와 링

　광학의 내용은 굉장히 광범위했다. 이 책은 뉴턴의 방법이 갖는 힘과
방법이 미칠 수 있는 범위를 증명했다. 뉴턴은 굴절과 반사를 설명하는 것
으로 책을 시작했으며 색과 순백에 대해서 논의했고 그가 프리즘과 거울
그리고 컬러필름을 가지고 한 실험(이 실험들에는 '뉴턴링'이라고 불리는
현상이 포함되어 있다.)을 기술했다. 뉴턴은 어떻게 안경이 효과를 발휘
하는지를 보여주었고 무지개에 대해서 설명하였다. 또 뉴턴은 간섭이라고
불리는 현상에 대해서 자세히 설명하였다(오늘날 간섭은 빛의 파동성으
로 설명된다. 빛의 마루와 골은 서로 '간섭'하여 효과를 상쇄시
킬 수 있다. 이 것은 뉴턴에게 풀 수 없는 문제였다). 뉴턴
은 여전히 빛의 입자설을 지지했으며 광선이란 "빛나는
물질 표면에서부터 방출되어 나오는 빛나는 입자들"
이라고 설명했다. 입자설의 관점에서 볼 때 간섭이라
는 모순된 현상을 설명하기 위해 뉴턴은 간섭을 "일시
적 흥분 상태에 있는 빛 운동의 결과"라고 설명했다. 예
를 들어 "쉽게 전달되는 일시적 흥분 상태"라는 것이다. 오늘
날의 과학은 입자설과 파동설이 모두 옳다고 설명한다. 빛은
분명 파동처럼 행동한다. 그러나 아인슈타인은 빛이 광자라고
불리는 작은 입자 다발처럼 움직인다는 것을 밝혔다.

한계를 넘어서

　이 책은 단순히 광학적 현상을 설명하는 것을 넘어서서
완전히 새로운 영역까지도 설명하고 있다. 이 책은 생물학과
생리학, 눈의 작용, 살아있는 생물체의 감각과 물질대사, 전
기학, 마찰, 부패, 심지어 신과 물질세계의 관계에 대한 광대
한 추리도 담고 있다. 뉴턴은 가장 진보적이고 사색적인
생각들을 책의 마지막 부분에 '의문들'로 분리해 놓았
다.(130~131쪽 참고)

부록
광학의 부록에는 두 개의 수학 논문이
실려있다. 하나는 '곡선의 구적법에
대한 논문'이고 다른 하나는 '세 번째
선에 대한 계산'이다. 뉴턴이 이 논문
들을 부록에 실은 이유는 한편으로는
이 논문에서 사용된 기술적인 발견에
대해서 우선권을 주장하기 위해서였
고(라이프니츠와의 우선권 논쟁의 관
점에서 본다면), 또 한편으로는 자신
이 위대한 수학자라는 것을 증명하기
위해서였다.

19세기에 뉴턴링을 보여주기 위해
사용했던 장치

의문들과 고찰들

평생을 증거 없는 '가정'을 배척하기 위해 노력해 왔던 뉴턴은 '의문들' 속에서 그의 과학적 상상력을 마음껏 발휘하였다. '의문들'에서 뉴턴은 전기의 메커니즘에서 양자역학, 그리고 중력 렌즈에서 E=mc² 까지 현대 물리의 여러 양상을 예견하며 자신이 놀라운 선견지명을 가지고 있다는 것을 증명하였다. 뉴턴은 심지어 현대 물리학도 풀지 못한 신성한 성배인 통일 이론에도 근접했던 것으로 보인다.

뉴턴은 본래 프린키피아의 '결론'에 중력의 메커니즘과 통일이론의 가능성에 대해서 쓰려고 했다. 그러나 그는 광학의 4권에서 이들과 비슷한 고찰을 넣으려고 마음먹고 있었기 때문에 프린키피아에 중력의 메커니즘과 통일 이론의 가능성에 대해서 쓰지 않았다. 그대신 뉴턴은 광학 3권에 '의문들'이라는 내용을 넣었다. 1판에 실렸던 16개의 의문들은 1706년의 라틴어 번역본에서는 31개의 의문으로 늘어났다. '의문들'을 통해서 뉴턴은 본인 철학의 중심 교의를 보여주고자 했다. 뉴턴 철학의 중심 교의는 '자연은 그 자체로 조화롭다.'라는 것이다. 자연은 매우 적은 수의 기본적인 법칙들로 지배되며 이 법칙들은 우아하게 함께 작용하여 우주의 모든 현상을 만들어 낸다.

자연에 대한 이런 믿음을 가지고 뉴턴은 본질적으로 전혀 다른 영역에 대해서 고찰해보고자 했다. 그는 전기를 가지고 문제를 제기하였다.

"그래서 모든 물체들이 미묘하지만 활동적인 강한 전기적 기운을 풍부하게 가지고 있는 것은 아닐까? 이 전기적 기운으로 인해 빛이 발생하고 굴절되고 반사되고 전기적인 인력과 척력이 작용하는 것은 아닐까?"

아인슈타인을 예견하다

아인슈타인의 상대성 이론은 어떻게 시공간의 짜임이 중력에 의해서 뒤틀리는지와 이것이 어떻게 별과 같은 무거운 물체 옆을 지나는 빛을 휘어지도록 만드는지를 설명한다. 이것은 중력렌즈라고 알려져 있는 현상이다. 아인슈타인의 이론은 1919년에 정교화되었다. 그러나 뉴턴은 그보다 앞서 의문을 가졌다. "물체가 멀리 떨어져 있는 빛의 영향을 받고 물체의 움직임이 광선을 휘게 만들지 않는가? 이 운동은 최단거리에서는 가장 강력하지 않은가" 이 질문은 중력렌즈 현상을 예견한 것으로 보인다.

의문들 4에서 뉴턴은 "물체와 빛이 서로 상호작용하지

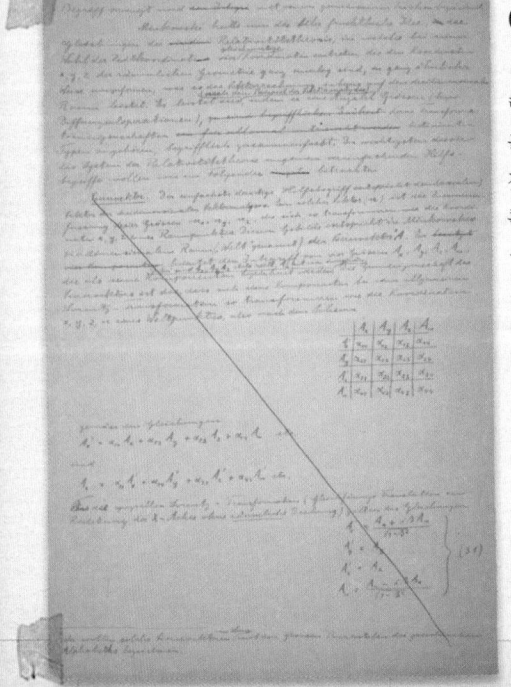

아인슈타인의 일반 상대성 이론에 대한 논문의 원고
이 원고는 시공간의 기하학을 설명하며 뉴턴의 중력 이론을 기반으로 하고 있다.

않을까?"라는 질문을 했다. 이 단락은 양자역학의 기초가 된 아인슈타인의 광전 효과의 발견을 예견한 것으로 생각될 수 있다. 의문들 30에서는 질량과 에너지의 등가성과 호환성에 대한 아이슈타인의 유명한 방정식인 $E=mc^2$과 비슷한 설명이 있다. "거대한 물체와 빛이 서로 교환되지는 않을까? … 물체가 빛으로, 빛이 물체로 변환되는 것은 변화를 매우 좋아하는 자연의 섭리에 잘 들어 맞는 것이다."

통일 이론

뉴턴이 프린키피아에서 궁극적으로 달성하고자 했던 목표는 별과 행성의 거시적 차원과 연금술에서 볼 수 있는 화학의 미시적 차원을 하나로 통일할 수 있는 이론을 구성하는 것이었다. 뉴턴은 그 이론을 증명할 수는 없었지만 의문들의 마지막에서 이 문제에 대한 자신의 의견을 기록하였다.

"물체를 구성하는 입자들은 어떤 힘들 가지고 있고 그 힘이 서로 떨어져 있는 물체에게도 작용하는 것은 아닐까? 그런 힘이 반사되고 굴절되는 빛에 작용하는 것뿐만 아니라 자연의 또 다른 위대한 현상들을 만들어내는 것은 아닐까? 잘 알려져 있듯이 물체들은 서로 중력, 자기력, 전기력으로 서로 잡아당긴다. 그리고 이런 예들은 자연의 섭리의 방향을 보여주며 자연의 섭리가 있을 법 하다는 것을 알려준다. 그러나 분명 인력 이외에도 다른 힘이 있을 것이다. 자연은 그 자체로 굉장히 조화롭기 때문이다."

이 단락은 어떻게 원자들 사이에 인력이 작용하는지(화학 결합 이론)을 설명해주며 심지어 원자 내에서 작용하는 핵력과 정전기력까지도 암시해준다. 즉, 뉴턴은 현대 물리 모델의 상당부분을 예견하였다.

2002년에 나사의 허블 우주 망원경이 보여주는 은하의 배경 이미지
노란 은하군의 중력에 의해서 배경이미지가 왜곡되어 원호모양으로 보인다.

"광학 3권에서 있는 것들은 내가 이제 막 앞으로 연구되어야 할 것들에 대해 분석하기 시작한 것이다. 이것과 관련된 힌트를 주는 것과 더 많은 실험들과 관찰들로 시험되고 개선되어야 할 힌트들을 남기는 것은 아직 이르다."

– 뉴턴, 광학

무기

'의문들'을 통해서 보여준 뉴턴의 고찰은 형이상학의 영역을 확장하였다. 예를 들어 그는 '무한한 우주'를 신의 '감각'이라고 묘사하였다. 우리는 이 문장을 어떻게 물질과 정신이 연관되어 있는지, 어떻게 신이 우주에 영향력을 미치는지에 대한 뉴턴의 비밀 이론을 이해하기 위해 참고할 수 있다. 그러나 이런 고찰은 논쟁을 할 때 공격 당하기 쉬운 것이었고 뉴턴은 이것을 대단히 두려워하였다. 실제로도 라이프니츠는 이것을 뉴턴을 공격하기 위한 무기로 삼았다. 라이프니츠는 이 무기를 이용하여 철학자로서의 뉴턴의 명성에 흠집을 내었다. "이 남자는 형이상학에 대해서는 그다지 성공하지 못했다."

왕실 천문학자와 사이가 나빠지다

뉴턴은 도전받지 않는 권위에 대한 열망 때문에 자신의 일을 도와주던 조심스러운 왕립 학회의 관리와 사이가 나빠졌다. 그리고 뉴턴은 감히 그의 위에 서려고 하는 과학자들과 계속해서 이런 식의 불화가 있었다. 가장 전형적인 예로는 뉴턴이 첫 번째 왕립 천문학자였던 플램스티드와 오랫동안 계속된 싸움을 들 수 있다. 두 사람은 공통점이 많았음에도 불구하고 그들의 까다로운 성격 때문에 그들은 20년 이상 싸웠고 이것은 플램스티드의 경력을 망치게 되었다.

뉴턴의 강적이었던 후크와 마찬가지로 플램스티드와 뉴턴 역시 공통점이 많았다. 둘 다 배경이 좋지 못했고(플램스티드의 아버지는 소매상이었다.), 둘 다 타고난 재주를 가지고 있었으며 일을 열심히 했고 자연 철학자들을 이끌어나가겠다는 의지를 가지고 있었다. 또 두 사람 모두 유년기에 어머니의 사랑을 받지 못했으며 자신의 양부모님에 대해 분개했다. 플램스티드의 어머니는 그가 3살이었을 때 돌아가셨으며 그는 결코 재혼을 한 자신의 아버지를 용서하지 않았다. 플램스티드는 10대일 때부터 천문학에 대한 열정을 키워나갔으며 그가 가지고 있었던 전문 기술과 근면함 덕분에 영국 최초의 천문학자가 되었다. 플램스티드의 재능을 알아본 찰스 2세가 1675년에 왕실 천문학자 자리를 만들어 준 것이다. 왕은 렌에게 그리니치 언덕 위에 훌륭한 왕립 천문대를 만드는 것을 위임했다. 그러나 자금이 부족했기 때문에 천문대는 실내 경기장보다 조금 컸을 뿐이다. 플램스티드는 자신이 사용할 기구를 공급해와야 했고 주변을 살 만한 공간으로 만드는 동안에 조수를 구해야 했다. 그러나 15년이 지난 후 그리니치 천문대는 우주를 관찰하기에 가장 훌륭한 장소가 되었다.

혜성이 두 번 보였던 해

뉴턴과 플램스티드가 처음으로 교신을 한 것은 1680년대 초반이다. 플램스티드는 친구들 통해 1680년 말에 같은 달에 보인 2개의 혜성은 사실 1개의 혜성이며 하나는 태양을 향해 가는 것이었고 나머지 하나는 태양에서부터 돌아오는 혜성이며 이것은 마치 거대한 자석에 끌려갔다가 밀려나는 것과 같다는 제안을 했다. 뉴턴은 태양(뉴턴은 글을 쓸 때 태양을 '?'기호로 표시했다.)은 매우 뜨거우며 자성을 띤 물체는 그들이 붉어질 때까지 뜨거워지면 자성을 띨 수 없다며 플램스티드의 의견에 반대하는 답장을 보냈다. 뉴턴은 혜성이 태양으로 다가가 태양 주변을 돈 후에 되돌아온다는 것을 그림을 그려 설명해주는 대신에 "나는 행성이 접선 방향으로 궤도를 떠나버리지 않고 궤도를 유지하도록 하는 힘을 쉽게 설명할 수 있지."라고 말했다. 이 당시는 뉴턴이 프린키피아를 출판하기 7년 전이었으며 이 설명은 행성이 중력에 의해서 접선 방향으로 벗어나지 않고 궤도를 유지할 수 있다는 그의 개념을 표현한 최초의 설명이다.

프린키피아에 그려져 있는 1680년대에 나타났던 태양을 중심으로 도는 혜성의 궤도
이와 같은 그림은 이전에 출판된 적이 없었다.

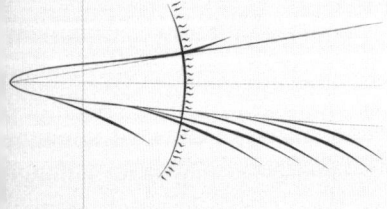

가장 훌륭한 관찰자

뉴턴은 1694년에 프린키피아 개정 2판의 핵심이 될 '달의 이론'(뉴턴이 프린키피아 1판에서 설명했던 궤도 역학을 사용하여 완전하게 설명한 달의 궤도)을 위해 왕실 천문학자에게 도움을 청했다. 뉴턴은 계산을 하기 위해 달의 궤도를 관찰한 자세한 기록을 필요로 했고 오직 플램스티드만이 양질의 자료를 가지고 있었다. 뉴턴은 플램스티드의 환심을 사기 위한 말로 편지를 시작했다. "…당신의 관찰 결과를 당신이 세상으로 안내한

천문학자들은 왕립 천문대에서 사분의와 망원경을 가지고 관찰을 했으며 아래에서는 사람 3명이 천문학자들이 불러주는 것을 받아적었다.

"저는 당신의 계산을 바라는 것이 아니라 그저 가공되지 않은 관찰 결과를 바라는 것 뿐입니다. 만약 당신이 이 연구를 계속하고 싶다면 간청하건데 당신의 관찰 결과를 보내주십시오. 그러나 당신이 연구를 계속하고 싶지 않다면… 저에게 솔직하게 말해주십시오. 그러시면 저는 지금까지 달의 이론을 위해 사용했던 시간과 노력이 헛되이 되는 것을 감수해야겠지요."

– 뉴턴이 플램스티드에게 1694년

이론과 함께 발표하기 위해서는(발표를 하는 것은) 장점을 가지고 있으며 당신의 명성을 위해서도 관찰 결과를 개인적으로 가지고 있는 것보다는 발표를 하는 것이 좋을 것입니다…. 이 이론은 관찰 결과의 정확함을 증명해줄 것이고 당신을 지금껏 세상에 등장하지 않았던 가장 정밀한 관찰자로 만들어줄 것입니다." 그러나 이처럼 시작된 이들의 동업은 잘못된 길로 가고 말았다. 플램스티드는 굉장히 정밀하고 명민한 천문학자였지만 그의 조수는 그만큼 유능하지 않았고 플램스티드는 낮은 봉급을 받으며 과로를 할 수 밖에 없었다. 그래서 플램스티드가 뉴턴에게 보낸 데이터에는 실수가 있었다. 뉴턴은 실수에 대해서 혹독히 비판을 하면서도 더 많은 데이터를 요구했다. 플램스티드는 감히 가공되지 않은 데이터를 보내는 것이 아니라 데이터를 가지고 본인이 직접 계산을 하여 뉴턴에게로 보내는 중대한 잘못을 저질렀고 불행하게도 플램스티드 혹은 그의 조수는 계산을 하며 실수를 저지르고 말았다. 뉴턴은 차갑고 경멸적인 반응을 보였으며 플램스티드는 학회지에 위대한 과학자인 뉴턴은 "조급하고, 인정이 없고, 불친절하며 거만하다."는 글을 실었다. 그들의 불화는 시작되었고 불화는 끝이 나기 전에 플램스티드의 평생에 걸친 작업을 위협하고 말았다.

항성 목록 전쟁

뉴턴의 영향력은 과학적 입지와 함께 커졌고 뉴턴은 더 무자비하게 플램스티드로부터 데이터를 갈취하였다. 뉴턴은 자신의 왕립 학회의 지위와 왕실에서의 영향력을 이용해서 플램스티드가 가지고 있을 것이라고 확신했던 가공되지 않은 데이터를 빼앗았다. 뉴턴은 데이터를 얻기 위해서 자신이 가지고 있던 무기인 교활함과 교묘함, 그리고 약한 사람을 철저하게 괴롭히는 기질을 모두 사용하였다. 왕립 천문학자는 용감하게도 마지막까지 뉴턴에게 반항하였으며 결국은 굉장한 값을 치르고 초라한 승리를 얻었다.

뉴턴과 마찬가지로 플램스티드도 자신의 작업이 완전하고 실수가 없어 만족하기 전에 출판하는 것을 싫어했다. 사실 플램스티드는 왕립 천문학자로서 자신의 역할이 데이터를 조금씩 발표하는 것은 아니라고 생각했고 그는 자신의 걸작인 항성 목록을 만들어내기 전에는 데이터가 밖으로 새어나가지 않도록 엄중히 관리했다. 항성 목록이란 하늘에 있는 모든 항성의 위치와 움직임을 이전에는 측정되지 않았던 정밀한 수준으로 기록하는 것을 의미했다. 바로 이 점에서 플램스티드는 뉴턴과 의견 충돌이 있었다. 뉴턴은 플램스티드의 역할은 그저 뉴턴이 계산하는 데 필요한 가공되지 않은 데이터를 수집해주는 일이라고 생각했기 때문이다. 플램스티드가 뉴턴의 움직임대로 따르는 것을 거부하자 뉴턴은 그를 압박할 계획을 세웠다.

왕자의 명령

앤 여왕의 남편인 조지 왕자는 그의 명청함이 기록에 남아 있음에도 불구하고 과학, 특히 천문학에 대해서 자부심을 가지고 있었다. 왕실에서 조지 왕자를 만난 뉴턴은 1705년에 왕립 천문학자에게 대영항성목록(Historia Coelestis Britannica)이라는 제목의 목록을 작성하라는 명령을 내리라고 왕자를 재촉했다. 플램스티드는 이런 종류의 명령을 거역할 수 없었고 뉴턴은 더 나아가 왕립 학회가 이 사업을 관리 감독하도록 하는 계략을 꾸몄다. 플램스티드는 당황하였고 왕립 학회의 편집위가 뉴턴의 총

앤 여왕은 1702년부터 1714년까지 그녀의 남편인 조지 왕자와 함께 나라를 다스렸다. 이는 뉴턴의 명성이 드높아질 것이라는 신호였고 뉴턴은 여왕부부를 정기적으로 알현했다.

"공정한(뉴턴 본인의 말을 빌리자면) 아이작 뉴턴 경은 모든 것을 망쳐 버리거나 덮어버릴 수 있는 자신의 힘 아래 두려고 했을 것이다. 그리고 아마 그는 나에게 자신의 두 번째 계획을 강요했을 것이고 자신에게 박수갈채를 보내라고 했을 것이다. 세상에 그런 공정한 사람은 없고 그렇게 할 수도 없다. 신께 감사하게도 나는 더 이상 그런 짓을 하지 않아도 된다." – 플램스티드, 감춰져 있던 1725년 판 대영항성목록의 서문

복들로 꾸려졌다는 것을 알았을 때는 경악하였다. 플램스티드는 "아이작 뉴턴은 이 사람들과 함께 자신의 역할을 할 것이고 자신의 계획을 진행해나갈 것이다."라는 기록을 남겼다. 뉴턴을 실망시키기 위해서 플램스티드는 가능한 모든 방법으로 출판을 미뤘고 뉴턴은 격노하였다. "만약 당신이 변명을 하거나 불필요한 연기를 하기 위해 무엇이라도 계획한다면 그것은 여왕의 지시에 불복한 것으로 받아들여질 것이오. 당신은 빠르고 즉각적으로 답하며 복종해야 하오."

왕립 학회에서의 폭로

플램스티드가 일식을 관찰한 것을 즉각 보고하라는 명령을 어겼을 때 일이 터지고 말았다. 1711년 10월 26일 플램스티드는 뉴턴이 회장으로 있는 왕립협회의 의회에 끌려왔다. 플램스티드는 당시의 격정적인 회의를 다음과 같이 기록하고 있다.

"그는 굉장히 화가 난 상태로 말했다. 그는 나에게 수차례 욕을 했고 그가 한 욕 중에 개새끼는 가장 강도가 약한 욕이었다. 나는 그가 화를 누그러트릴 때까지 기다린 후 나에게 그렇게 욕을 해줘서 고맙다고 말했다…."

가차없이 뉴턴은 자신이 얻고자 했던 것을 얻었다. 1712년에 마침내 뉴턴의 수하인 핼리가 편집을 한 하늘에 대한 대영항성목록 1판이 출간되었다(플램스티드는 핼리를 굉장히 싫어해서 핼리를 "게으르고 악랄한 도둑"이라고 불렀다). 1713년에 뉴턴은 프린키피아 2판에서 달의 이론을 포함시킬 수 있었다. 그리고 뉴턴은 프린키피아에서 플램스티드에 대해 전혀 언급하지 않았다. 그러나 왕립 천문학자가 얻은 작은 승리가 있었으니 바로 뉴턴이 "교활한 뉴턴"이라는 별명을 갖도록 한 것이었다. 1714년에 앤 여왕이 죽고 뉴턴과 각별했던 할리팍스(품위있게는 몬태규)가 그로부터 1년 뒤에 죽자, 뉴턴이 왕실에서 갖는 영향력은 줄어들었다. 1715년에 플램스티드는 사악하고 손상된 대영항성목록 사본을 모두 모아 신성한 진실을 위한 제물로 바치기 위해 그들을 모두 왕립 천문대의 땅에서 태워버렸다. 1725년 플램스티드가 죽고 6년이 지나서야 그가 꿈꿔왔던 형태로 항성 목록이 출간되었다. 그러나 뉴턴을 '부정직하고 악랄한 짓'을 저질렀으며 '약삭빠른 예측'을 했다며 신랄하게 비판한 이 책의 서문은 100년이 넘게 감춰져 있었다.

대영항성목록의 속표지
영광의 화환을 쓴 플램스티드의 초상화가 그려져 있다.

거인들의 충돌

유럽에서 뉴턴이 가지고 있던 지성의 왕관에 대적할 수 있었던 사람이 한 명 있었다고 한다면 그 사람은 독일의 박식가인 고트프리트 빌헬름 본 라이프니츠였을 것이다. 현재 전문가들은 두 사람 모두 미분학을 독자적으로 개발하였다는 것을 인정하고 있다. 그러나 뉴턴은 영예를 나눠 가질 수 없었다. 라이프니츠가 자신을 표절을 했다고 생각한 뉴턴과 그의 지지자들은 수십 년 간 싸움을 계속하였고 영국의 과학계에 지대한 영향을 가져올 결론을 내렸다.

라 이프치히에서 1646년에 태어난 라이프니츠는 변호사였으며 외교관, 행정관으로 활동했다. 그는 신학과 철학의 기초를 다잡는데 큰 기여를 했다. 그러나 그는 과학과 수학에 큰 열정을 가지고 있었다. 1673년 그는 런던을 찾아와 자신이 직접 만든 계산기를 선보였으며 왕립 학회 회원으로 선출되었다. 그는 뉴턴을 직접 만난 적은 없었지만 수학자이자 출판업자인 존 콜린스와 아는 사이였다.

기여와 논쟁

파리로 돌아온 라이프니츠는 그 다음 2년 동안 뉴턴이 역병이 퍼졌던 놀라운 해 동안 이루어낸 업적과 대적하기 위한 수학적 발견을 하는 것에 매진하였다. 1675년 라이프니츠는 독자적으로 극한에 관련된 이론과 미분학을 성립하였다. 그의 이론은 뉴턴과는 다르게 다른 수학자들이 쉽게 이용하고 사용할 수 있도록 고안되었다. 뉴턴은 자신이 고안한 어려운 도함수를 다른 사람들이 쉽게 사용할 수 있도록 하는 것에는 어떤 노력도 기울이지 않았다. 파리에 있던 라이프니츠는 런던에 있던 콜린스와 편지를 주고 받았다. 콜린스는 라이프니츠에게 수학적 진보에 대한 뉴스를 알려주었으며 뉴턴에 대한 언급도 했다(특이한 뉴스는 아니었다). 1677년 런던을 방문 중이었던 콜린스는 라이프니츠가 각종 논문들과 서신들을 볼 수 있도록 해주었다. 바로 이 사건 때문에 훗날 라이프니츠는 노트와 과정을 분석한 결과가 그가 독립적으로 이론을 발전시켰다는 것을 보여주는데도 불구하고 표절에 대한 의혹을 받게 된다.

1676년에 중대한 논쟁이 될 것이라고 예상했던 콜린스와 올든버그가 재촉하는 바람에 뉴턴은 라이프니츠에게 그가 극한에 대해 연구한 것을 요약해달라고 편지를 보내고 넌지시 자신의 '도함수'를 언급했다. 지적

라이프니츠의 계산기
그가 가장 많이 발전시킨 것은 계단식 원통을 만든 것이다. 아홉 개의 서로 다른 길이의 부속품을 가지고 있는 실린더는 원통 주변이 감당할 수 있는 양을 증가시킨다.—이 원리는 20세기까지도 계산기를 만들기 위해 사용되었다.

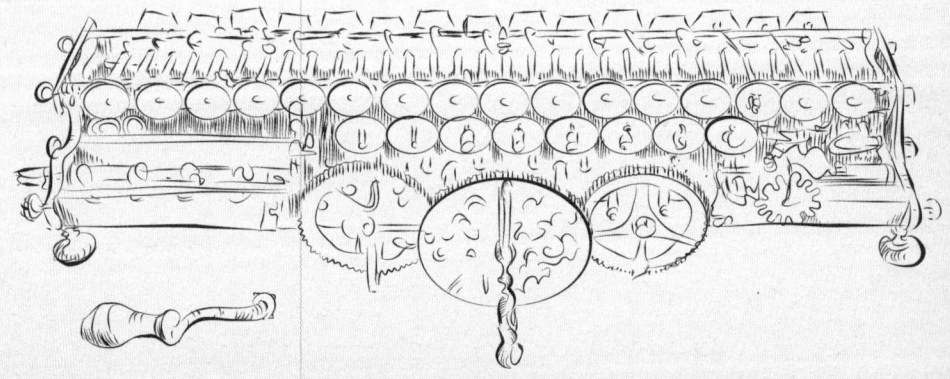

성과를 도둑맞았다고 느낀 뉴턴은 자신 방법의 기본적인 법칙을 암호화된 문장 속에 넣었다. 암호화된 문장은 뉴턴이 특허를 낸 것의 초창기 형태라고 생각된다. "저는 도함수를 설명하는 것에서 진전을 보일 수가 없군요. 전 제 방법을 이렇게 덮어버리려고 해요. 6accdae13eff7i3l9n4o4qrr4s8t12vx(암호를 풀어보면 이것은 다음과 같은 의미의 라틴어구이다. '주어진 방정식은 변수를 포함하고 있다. 도함수를 찾으시오. : 그리고 역 또한 같음')."

뉴턴은 이 구절을 엄폐하기 위한 문장도 넣었다. "저는 이게 라이프니츠씨께 도움이 되기를 바랍니다. 저는 이제 이것이 필요 없거든요…." 그러나 문제는 끝난 것이 아니었다. 1684년에 라이프니츠는 미분학에 대한 첫 번째 논문을 발표했고 그의 방법은 유럽대륙에서 빠르게 표준이 되었다. 이것이 뉴턴에게 어떻게 받아들여질지 꿈에도 몰랐던 라이프니츠는 그해 7월에 친구에게 다음과 같은 편지를 썼다. "내 생각엔 뉴턴 경은 이미 이 원리들을 알고 있었던 것 같아…. 그렇지만 한 사람이 모든 결과를 한 번에 얻을 수는 없지. 한 사람이 한 가지 기여를 하면 다른 사람이 다른 기여를 하는 거야."

라이프니츠의 심장을 찢다

논쟁은 1712년까지 고조되었고 능욕을 당한 라이프니츠는 왕립학회의 사과를 요구했다. 뉴턴은 자신이 차지한 기회를 꽉 움켜쥐고 있었으며 가상으로 이 논쟁을 위한 객관적인 위원회를 소집하였다. 사실 뉴턴은 회원들을 선택하였고('서신왕래'였다고 알려져 있다.) 혼자 보고서를 작성하였다. 예상할 수 있듯이 뉴턴에게 유리한 평결이 났다. 1713년 뉴턴은 더 나아가 '서신왕래 보고서'를 작성했고 이것은 서서히 개인적인 공격과 인신 공격으로 빠져들고 있었다. 1715년 새로 왕이 된 하노버의 조지는 우연히 라이프니츠를 고용하게 되었고 뉴턴에게 사죄의 편지를 쓰라고 요구하였다. 그러나 쉽게 악의를 버린 적이 없었던 모진 과학자는 단순히 그 독일인은 '비방의 죄'를 지었다고 반복했을 뿐이다. 이때까지 라이프니츠는 고립되어 있었고 병을 앓고 있었다. 그는 1716년 말에 죽었으며 뉴턴은 여전히 복수심에 불타고 있었다. 그는 1726년에 프린키피아의 개정 3판에서 라이프니츠에 대한 언급을 모조리 지워버렸고 말년에는 자신이 "라이프니츠의 대답을 통해 그의 심장을 찢었었다."고 떠벌리고 다녔다. 뉴턴의 승리는 영국 과학계에는 큰 손실이 되었다. 영국 과학계는 더 훌륭한 방법과 개념을 가지고 있는 라이프니츠의 미분법을 거부한 탓에 수십 년, 혹은 수백 년을 뒤처졌다.

"두 번째로 개발한 사람은 전혀 중요하지 않다."

- 뉴턴, '서신 교환 보고서'의 두 번째 초안에서

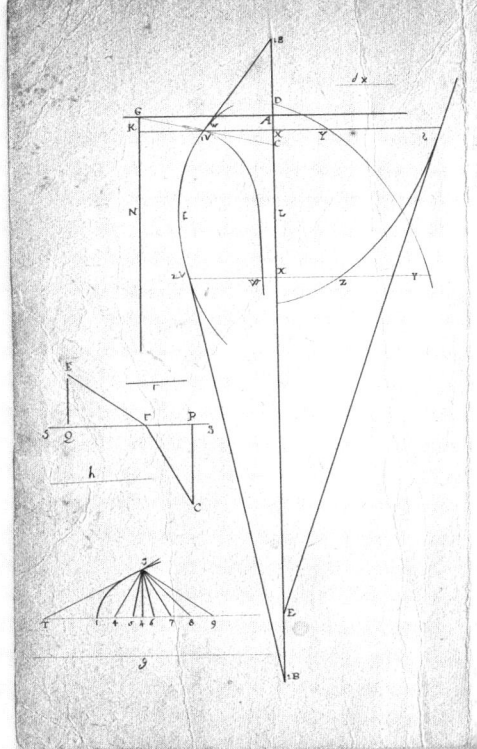

라이프니츠는 "상징들 속에서 발견을 하는 것은 이점을 가지고 있다. 발견이란 그들이 사물의 정확한 본성을 간략하게 있는 그대로 묘사할 때 가장 위대하다. 그리하여 실로 정신 노동은 굉장히 줄어들 수 있다."라는 기록을 남겼다.

CHAPTER SEVEN

세상의 종말

지식의 책

광학(Opticks)이 출판 되었을 때에는 이미 뉴턴의 과학 탐험가로서의 직업 생활은 사실상 끝났지만 그는 자신이 눈을 감을 때까지 연구와 글 쓰는 것을 멈추지 않았다. 그가 마지막까지 연구했던 주제는 성경의 역사와 예언에 대한 연구이다. 무엇이 그가 미래에 일어날 사건들에 대한 연대표의 끊임없는 재작업과 솔로몬의 신전의 정확한 비율에 대해 집착하게 만들었는지 이해하기 위해서는 이러한 행동의 맥락을 알아봐야 한다.

고대의 신학(Prisca Sapientia), 즉, 최초의 지식이라는 개념의 중요성은 뉴턴의 연금술이라는 글 안에서 이미 설명이 되었다(76쪽 참고). 하지만 고대의 신학은 단지 큰 그림의 일부일 뿐이다. 오늘날 과학은 대체로 무신론, 즉 종교적이지 않은 상황에서 수행되고 있다. 하지만 뉴턴의 시대에는 정 반대였다. 뉴턴이 한 모든 일은 그의 신앙과 하나님의 영광을 위한 것이었다. 더 자세하게 말하자면, 뉴턴과 대부분의 그 동시대 사람들은 자연은 하나님의 위대한 업적이라고 생각했고, 그들은 자연을 재구성하여 그것을 이해하는 것이 그들의 임무라고 생각했다.

자연의 책

"태초에 말씀이 계시니라 이 말씀이 하나님과 함께 계셨으니 이 말씀은 곧 하나님이시니라(요한복음 1:1)." 뉴턴의 시대에 학자들은 이 구절을 문자 그대로 받아들였다. 하나님이 말씀으로 우주를 창조하셨고 그러므로 원시 언어인 아담의 언어(아담이 선악과를 따먹기 전 사용했던 언어)가 천지창조의 암호라는 것은 당연한 사실로 받아들여졌다. 그것은 문자 그대로 '자연은 하나의 책'이고 그 책이 씌여진 언어가 있는 것은 당연하다. 자연은 위대한 하나의 책으로 보인 것이 공공연하게 인정되었던 것이다. 자연의 책을 읽는 것이 자연 철학자들의 목표가 되었지만, 이 목표는 여러 이유 때문에 성취하기 어려웠다. 첫째로, 인간의 타락(아담이 선악과를 따먹은 것)으로 에덴의 세상에 존재하던 완벽한 순서가 어지럽혀졌고, 그 뒤로 자연이라는 책의 품질은 형편없이 떨어졌다. 그래서 이것을 복구하고 원래 하나님이 쓰신 대로 재구성하는 작업이 이 타락을 바꾸고 인간의 죄를 이전상태로 바꾸는데 도움이 될 것이다. 둘째로, 천지창조의 언어는 훌륭한 암호문, 즉 해독이 필요한 복잡한 암호였다. 갈릴레오 갈릴레이는 자연의 책이 기하학 형태의 문자를 사용한 수학적 언어로 쓰여져 있다고 주장했다. 그러므로 자연 철학에 대한 뉴턴의 수학적 추구는 그가 이 언어를 해독하려고 시도하게 했다.

한 순례자가 자연의 커튼 사이로 우주의 비밀을 쳐다보고 있다. 뉴턴은 자연의 책에서 하나님의 계획을 찾으려고 했다.

"철학자들은 지금까지 자연에 대한 연구를 과감하게 시도해 왔다. 그러나 나는 여기에 규정한 이 원칙들이 어떤 틈틈이 되거나 또는 보다 진실된 철학의 방법들을 제공하기를 희망한다."

– 뉴턴의 프린키피아의 첫편의 서문에서

신약과 구약, 성경

하나님의 창조력을 보여주는 것 중에는 자연의 책과 함께 성경책이 있는데 학자들은 성경책, 즉 신으로부터 영감을 받아 쓰여진 글에서 창조의 암호를 식별할 수 있으므로 이 종교적인 조사를 통해서 사실에 접근하는 길이 주어진다. 꼭 연금술 철학자와 자연 철학자가 자연의 책을 읽으려고 하고 이를 통해 고대의 신학(Prisca Sapientia)을 회복하는 것처럼 학자들은 신학과 뉴턴이 노후에 추구한 연구의 가지에서 고대의 완벽한 종교인 고대의 철학(Prisca Theologia)을 복구시킬 수 있었다. 이 성과는 모두가 자연과 하나님에 대해 완벽히 알고 협조하며 사는 세상, 즉, 새로운 예루살렘의 시작을 뜻한다.

예언의 힘

뉴턴이 삼위일체 설(성부-하나님, 성자-예수님, 성령-하나님의 영이 하나라는 설)을 증오한 것에 더하여 뉴턴의 초기의 신학적 연구는 특히 요한계시록과 다니엘서에 있는 예언에 집중되었다. 이것은 성경의 일부분으로 하나님으로부터 들은 천지창조 이야기에 대한 단서 밖에 되지 않는 것이다. 암호화된 세계의 역사는 해독하려는 사람들이나 또는 천 년이 넘게 흐르면서 구술로 된 내용을 글로 옮기고 번역하면서 부패된, 뉴턴의 말에 따르면 천주교와 삼위일체설에 의해 고의로 왜곡된, 성경을 원래의 참된 성경으로 재구성 하려고 하는 사람들이 구할 수 있다. 그래서 뉴턴은 성경과 신학에 역사를 추적하고 예언과 역사를 맞추고 해독하는 철저한 연구를 하고 고대 왕국들의 연대표에 관한 일을 했다.

미켈란젤로의 최후의 심판
그 당시 뉴턴은 아마 자기 자신의 연구를 통하여 최후에 일어날 일들에 도움을 줄 수 있을 것이라고 믿었던 것 같다.

성경 암호

뉴턴에 있어서 성경은 단지 예언서였다. 신이 중요하게 생각한 것은 영원한 생명에 관한 진리를 드러내려는 것 못지않게 인간의 역사를 구성하는 과거와 미래에 대한 안내를 암호화해서 성경을 구성했다고 믿었다.

만약 예언이 성경에서 제일 중요한 부분이라면, 요한계시록이 제일 중요한 본문이 될 것이다. 그는 "성서 중에서 이처럼 신의 섭리로 추천되고 보호되는 글은 없을 것이다."라고 쓰고 계시록에 나와 있는 담화가 그가 1670년대에 주장한 신학적인 글 중 하나였다. 그는 그 후에도 지속적으로 이것을 수정하였고, 어쩌면 이것이 그가 죽기 전에 마지막으로 하던 일이었을 수도 있다. "예언에 대한 성서의 지식을 찾는 일을 하다 보니 내 자신에게 내가 다른 사람들의 이익을 위해서 이 일을 한다는 의무가 생긴다."라는 그의 고백에도 불구하고, 그의 학설과 추론이 간행될 때까지 길고 고통스러운 길이였고 그가 죽을 후에야 절정에 다다랐다.

예언의 부분들

뉴턴의 예언에 대한 관심은 아리우스(Arius)주의(그리스도의 신성을 부인)에서 시작되었고, 예수님이 다시 오실 때까지 다른 사람들이 하나뿐인 진정한 종교(다른 말로 하면, 자신이 믿는 종교)를 이해하는 것을 돕는 것이 자신의 일이라고 믿었다. 하지만 예언을 해독하고 예수님 재림의 정확한 날짜를 예측하기 위해서는 예언된 사건들 중에서 이미 일어난 여부, 걸린 시간 그리고 요한계시록에 나오는 시간 척도 중 어디에 해당하는지 알아야 한다. 이 부분이 바로 예언의 연구와 역사의 연구가 만나는 곳인데, 뉴턴은 이 둘 다에 폭 빠졌다.

그는 예언을 해독할 때 자신이 물리학을 연구할 때 쓰던 철저한 해석적 방법을 사용하였다. 그는 자연이 자기 자신과 조화를 이루는 것처럼, 성서의 다른 부분들도 서로 조화를 이룬다고 믿었다. 예언은 마치 분해된 시계 부분들과 같아서 난잡하게 나타나고 서로 비교되어야 하며 유용하게 사용되기 위해서는 같이 모여야 하는데 모일 때 아무런 어려움이 없어야 한다.

" 예언적 성서에서 지식을 탐구한 후, 나는 다른 사람들의 이익을 위해 이것들을 소통하기로 결정했다. ...성숙하기를 희망하는 사람들에게 이것이 거대한 도움을 줄 수 있을 것이라고 확신했기 때문에...

– 뉴턴의 「예언에 대한 관찰로의 초대」에서

종말이 가까워 왔다

일반적으로 청교도들은 요한계시록에 설명되어 있는 '대변절(Great Apostasy)'이 약 AD 400년에 천주교 교회에서 발생하였고 이때가 성경에 나와있는 나머지 연대기의 시작점으로 사용될 수 있다고 믿었다. 또한 적그리스도(Anti-christ)의 파괴와 새로운 천 년의 시작(천 년의 새로운 메시아 법칙)을 통해 예수님의 재림은 변절(apostasy)로부터 1260년 후, 즉 17세기 중반으로 정했다. 그때 당시 많은 청교도들은 곧 예수님이 재림할 것이라고 믿었다.

　　뉴턴은 '대변절'을 이단으로 생각하고 영국 성공회의 주류에 참가하며 이 부분에서는 신중했다. 그는 아리우스파로 이 사건을 성 아타나시스의 터무니없는 행동이며 삼위일체설의 승리라고 했다. 그는 이렇게 정통이 아닌 예언의 시작점을 찾았지만 이 시점을 기준으로 전후의 더욱더 복잡한 예언을 해석해냈다.

　　뉴턴은 어떤 날짜를 지정했을까? 그의 복잡한 교회 역사의 연대표에서 그는 중요한 1260년의 시작 부분과 7세기 초와 동등하게 표시했다. 이것을 요한계시록에 나와있는 네 번째 본인의 파괴(The breaking of the fourth seal)의 날짜 탓으로 돌렸다. 따라서 예수님의 재림을 19세기라고 예언했고, 나중에 1948년으로 수정했다.

　　뉴턴은 그의 남은 생애 동안 그의 해석을 계속해서 수정했는데 그 교정 하나하나가 그가 원래 믿었던 아리우스주의를 더 많이 가릴 때마다 그는 고통을 느꼈다. 예언에 대한 그의 이론은 결국엔 「예언에 대한 관찰」이라는 이름으로 그가 죽은 뒤에 출간되게 되는데, 그것은 산만하고 무의미했으며 이해하기에 힘들었고, 그의 연구 초기의 밑그림을 그리는 데 있어 영감을 준, 비범하고 야심만만한 화두에 대해 적은 힌트만을 남길 뿐이었던 것으로 판명되었다.

" 그리고 나는 보았다. 창백한 말을 보았다. 죽음이라고 불리는 말 위에 앉았고, 지옥은 말을 쫓아왔다. 그들에게는 지구의 4번째 부분에서 검과, 기근, 흑사병 그리고 지구의 난폭한 짐승들을 가지고 사람을 죽일 수 있는 힘을 가졌다. "

– 요한 계시록 6:8

사도 요한이 환상으로 보았던 세상의 종말에 나타난다는 네 명의 말 탄 사람 뉴턴은 1948년에 그 날이 올 것이라고 생각했다.

천년왕국 프로젝트

그가 말세에 관심을 가짐에 따라 뉴턴은 과거의 역사도 자신의 영역으로 삼게 된다. 모든 고대의 종교와 문명이 적(籍)을 두고 있다고 그 자신이 믿은, 노아의 대홍수 이전 시기 기독교에 관하여 만만찮은 학식을 쌓고자 한 것이 그 일환이라 할 수 있다.

그의 관심사는 단순히 학술적인 것에 한정되어 있지 않았다. 학술적인 면은 그가 하고자 하는 거대한 거의 상상도 하지 못할 시야를 지닌 프로젝트의 한 부분일 뿐이었다.

1670년대 초, 뉴턴은 '이방인들의 종교의 기원에 대한 논문'을 집필하였다(여기서 이방인들이란, 다른 말로, 유대인이 아닌 고대인들을 말한다. 이집트인들과 바빌로니아 인들부터 그리스인들과 로마인들 모두가 이 범주에 속한다). 이 논문을 통해 그는 어떻게 (기독교 외의) 다른 고대의 종교와 문명들이 부패되었는지, 또 그들이 어떻게 대홍수 이후, 세상에 퍼진 노아의 자손들이 만든 진실된, 본래 그대로의 종교를, 그리고 성서의 역(譯)을 혼동하게 했는지에 대해 설명하였다.

그는 많은 지면을 할애하여 이집트와 그리스, 그리고 그 외의 고대인들이 숭상했던 신들이 그저 고대의 왕들과 영웅이 신격화된 것뿐이라고 말하였다. 관련 지어 예를 들자면, 고대의 이방인들이 모셨던 12명의 주신 (主神 : Major god)들은 뉴턴이 믿기를, 모든 이방인들의 조상이라 여겨지는 이스라엘의 12개의 부족으로부터 나왔다.

고대 왕국 연대기

1690년대에 들어 그는 이 논문을 교정하기 시작하였으나 1716년, 웨일즈의 공주가 그에게 그 사본을 하나 달라고 하기 전까지 출판을 하지 않았다. 그는 내키지 않아하면서 논문의 '요약'을 만들었다. 그로부터 많은 해가 지난 후 그는 매우 큰 규모의, 수많은 교정을 거친 수정판 고대 왕국 연대기를 출판한다. 그는 이 책을 교정하는 도중 숨을 거두지만, 존 콘듀이트가 그 다음해인 1728년, 한 권의 온전한 책으로서 출간하였다. 뉴턴의 원래 목적은 대홍수 이전, 노아가 살던 시대에 있었던 진실된 종교의 본질에 대한 자신의 이론을 늘어놓는 데에 있었으나 이는 지나치게 급진적이었고 이단에 속했다. 따라서 그는 이단으로 해석될 여지가 있는 표현들을 나타내지 않았고 그 대신 '관찰'과 같은 혼란스럽고 산만한 책을 출간하였다. 웨스트폴은 이 책을 다음과 같이 묘사한다. "한없는 지루함을 자아내는 작품" 이 책은 오늘날, 죄가 많아 그것을 잠깐의 고통으로 씻어낼 필요가 있는 이들에게만 읽히고 있다.

최후의 야망

왜 뉴턴은 일견 무익해 보이는 예언과 고대사에 관한 연구에 수많은 시간과 힘을 쏟아부었던 걸까? 그의 동기는 과연 무엇이었을까? 말세에 대한 학문은 흔히 '종말론'으로 잘 알려져 있다. 그리고 뉴턴과 같은 사람들에게 그것은 단순히 학술적인 목적으로만 추구되지 않았다. 그들은 노아와 그 전, 아담의 고대 원시 종교로부터의 성공적인 재구성과 예언에 대한 정확한 해설이 이 세상의 운

브란덴 부르크의 캐롤라인 원（세레）그리, 웨일즈의 공주로 뉴턴의 연구에 관심을 가졌다. 교양이 있고 명석했다.

헨리 무어(1614~87)
캠브리지의 플라톤주의자로서 뉴턴이 그랜섬(Grantham)에서 학교를 다닐 때 동창생이었고, 젊은 사람들에게 큰 영향을 준 사람이었다.

명에 실제로 영향을 미칠 수 있을 것이라 믿었다. 뉴턴은 이것을 이루기 위하여 어느 방향으로건 나아갈 준비가 되어있었고 수학적으로, 경험적으로, 철학적으로, 연금술로, 그리고 신학적으로 자기가 두었던 가치의 의미를 좇는 데에 힘을 쏟았다. 뉴턴의 전수자이자, 탁월한 학자인 베티 조 티터 톱스의 말에 따르면, 그가 추구했던 종교론의 화두는 더욱 확장되어 "활동적 연금술 주물(主物)의 최후의 비밀이라 칭할 수 있는, 순수하며 강력한 불에 대한 재발견은 진실된 종교의 회복과 천년 왕국(재림하신 예수 그리스도가 통치하는 천 년의 치세)으로의 선도를 이끌어낼 수 있을 것인가?", 다른 말로 "그의 다양한 연구들이 예수의 재림을 이끌어 낼 수 있을 것인가?"를 묻는 방향으로 나아갔다.

정착된 방식대로

고되었던 시기에 관한 자연적, 철학적 연구가 약진함에 따라, 신학적 연구에 대한 첫 번째 열의는 뉴턴에게 '같은 종류의, 발견에 대한 도취(열의)'를 불러일으켰다. 캠브리지의 철학자 헨리 무어는 그가 예언에 접근하는데 있어 주요한 영향을 끼쳤다. 또한, 무어의 저서인 묵시(默示)의 해석에 대한 뉴턴의 반응에 보인 무어의 평가는 한 젊은 학자(뉴턴)에게 있어, 강렬한 인상과 더불어 도달해야 할 과업을 분명히 나타내어 주었다. "그는 나에게 있어(그는 보통 우울하거나 생각에 잠겨 있었으나 그때 그는 매우 힘이 있었고, 쾌활하였으며 명랑했다. 그리고 어떠한 만족감을 마음속에 둔 자유로운 학자처럼 보였다. 그러한 점으로 보아,) 다른 곳에서 들여와 정착된 삶의 방식"을 가지고 있는 것처럼 보였다.

메시아 콤플렉스

이런 비범한 야망이 뉴턴으로 하여금 자기를 바라보는 시각에 어떠한 영향을 미쳤을까? 저술한 것들을 살펴보면, 그가 다소 우쭐해져 있었다는 근거들이 드문드문 눈에 띈다. 예를 들면, 그는 앞서 말했던 예언들이 진실된 교회의 신자를 위한 것으로 예정되었으며 그들에게만 이해될 수 있다고 믿었다. 이러한 신자들은, 그가 저술에서 말하길, "하지만 나머지, 소수이며 흩어진, 신께서 선택하신, 예를 들어 …(중략)… 이런 이들은 성실히 찾아나선다면 진리를 구할 수 있다." 그 누구도 그에게 질문하지 않았지만, 아리우스(그리스도의 신성을 부정한 이)파로서 뉴턴은 본인이 "신께서 선택하신 이들" 중 하나라고 믿고 있었다. 어느 다른 곳엔 그가 성서와 역사에 등장하는 인물들을 확인함으로써 그 생각은 확실하게 여겨졌다. 예를 들면, 아리우스와 예언서 엘리야를 보는 식이었다. 그는 얼마나 이 해석과 귀속의식을 가지고 확장해 나갔을까? 혹시 그 자신이 크리스마스 날에 태어났으며, 아버지께선 하늘에 계신 것이 분명하다고 믿는 것은 아니었을까?

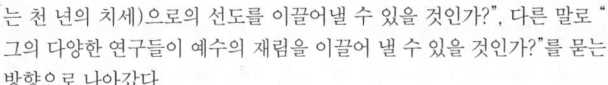

"이 종교는 사람들의 뜻을 담아 쉽게 이해되었다. 그리고 이방인 카발리스트들의 학습에서 사람들이 숙련되고 스콜라학자들이 추상론을 종교를 타락시키기 전까지 그들 사이에서 전수되어 나갔다…."

– "교회의 역사에 관한 초안"에서, 뉴턴

성전의 재건

뉴턴의 신학 연구 중 가장 흥미를 불러일으키는 대목 중 하나는 솔로몬 성전의 설계에 대한 그의 집착이다. 그는 이 건물이 원시에 있었던 본래 그대로의 종교와 행위자에 의해 갖춰질 수 있는 자연에 대한 완벽한 지식 간의 완전한 균형을 상징한다고 믿었다. 그가 생각했던 성전과 그것의 중추적 공간, 프뤼타네이엄(회의실을 의미)은 중력에 대한 그의 시각에 영감을 불어넣는 것으로 믿어졌다.

1670년대 후반, 뉴턴은 교회의 역사에 관한 많은 분량의 저술을 시작하였다. 저술은 그가 죽을 때까지 계속되었다. 8권은 어떻게 하여 성스러운 예언이 실현되었는지, 따라서 교회에 걸쳐 어떻게 인정받았는지 선사시대를 포함하여 서술되었다. 따라서 그는 고대 유대교의 역사와 그 교리의 실현에 빠져들었다. 그는 그것을 '전형적 모범'이라 보았다. 예언 실현의 촉진과 가르침을 위해 신으로부터 내려진, '표준' 같은 것으로—" 신은 모든 위대한 순간들을 처음에는 전형으로, 그 다음은 예언으로서 이러한 전형들을 해설한다." 고대 유대교의 관습과 묵시록의 예언들은 "같은 것에 대한 두 개의 예언"과 같다고 그는 말했다. 그것은 "상호간에 서로 해설하며, 나머지 하나가 없이는 만족스럽게 번역되지 아니한다."

청사진

고대 유대교에 대한 연구는 솔로몬의 업적에 대한 고찰로 그를 이끌었다. 솔로몬은 유대인의 왕으로 고대인 중에 어쩌면 그가 가장 훌륭한 철학자나 연금술사로 생각했던 사람일지도 모른다. 그리고 그의 장대한 성전에서, 그 너비와 설계가 신에 의해 정해졌다고 믿었을지도 모른다. 그는 성전의 목적이 영적이며, 신비로운 의미를 지니고 있다고 생각했다. 그것은 우주와 그것에 대한 감춰진 법칙들이었으며, 그것의 비율 안에 숨겨져 있다고 여겨졌다. 신전들은 고대부터 위대하신 신의 진실된 신전으로써 존재하기 위해 우주의 모양을 상징하여 봉헌되어 왔다. 그는 에스겔(유대의 예언자)이 쓴, 특별하며 오래된 원 구약 성경을 읽기 위하여 히브리어를 배웠다. 그 판본에는 성전의 설계가 묘사되어 있다. 에스겔서를 연구하면서, 그는 본문에 그 설계가 내포되어 있는 점을 통틀어 주석을 달았다.

프뤼타네이엄

이 성전 안에는 신의 창조성에 대한 서로 다른 견해가 나타나 있다.
"이 건물의 원리, 근본은 신전 안에서 자연을 흉내냄으로써 그 자연을 존중한다는 점에 있다. 여기서 신전은 신을 나타낸다. 모든 사람들은 중앙의 불 붙여진 성소(聖所)가 세상의 원리를 나타낸다는데 동의한다." 뉴

"이 구조는 최대한 단순하고 모든 비율이 조화로왔다."

– "교회의 역사에 관한 초안"에서, 뉴턴

턴은 이 성소를 프뤼타네이엄이라 불렀으며 그것의 설계가 우주, 더 자세히는 태양으로부터 관찰한 '세상의 구조'라 설명했다. "그들이 존재하리라 예상했던 모든 천국들과 진실된 하나님의 신전들이라 이름 붙여져 마땅한 것이 바로 이 프뤼타네이엄이다. 이것은 그 모든 시스템을 표현한다." 따라서 행성을 상징하는 램프들로 주위가 둘러싸인 중앙의 불이 존재하게 되었다.

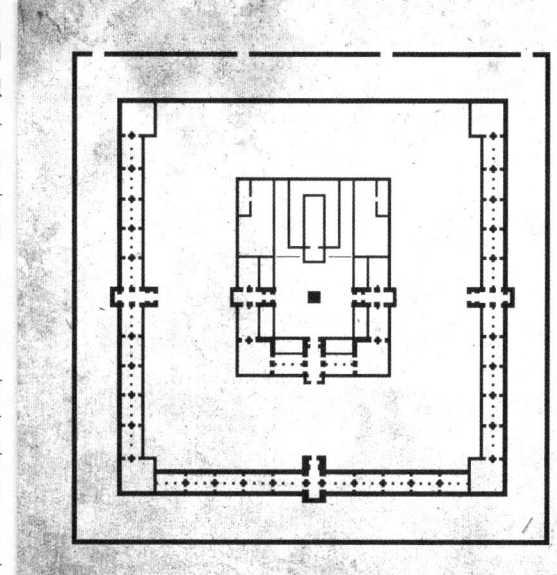

뉴턴이 그린 솔로몬 성전의 세밀한 설계도
그는 이 설계도의 모든 비율들은 우주의 구조에 대한 진리가 신에 의해서 암호화되어있다고 믿었다.

미래로 돌아가다

뉴턴은 다른 종교, 문명의 신전들, 심지어 그가 있던 시기의 교회들조차 전부 그 원형을 따른 산물이라고 여겼다. 그는 자연적 철학에서의 변조와 자연의 책에서부터의 강등, 그리고 신이 뜻했던 모양대로의 성전으로부터의 변형 사이의 공통점을 보았다.

하나의 잘못된 성전을 복원함은 다른 것들의 복원을 불러일으킬 수 있는 것으로 여겨졌다. 뉴턴은 두 가지 행동을 모두 취하고자 했다. 신전의 정확한 치수를 다시 정의함으로써 그는 자연적 철학에 대하여 정확한 로드맵을 제시해내는 것, 그리고 그의 자연적 철학, 시야, 수학적 능력, 기계공학적 식견을 통하여 그것을 성취해내려 했다. 그리고 어쩌면 이를 통해 원래의 순수한, 진실된 종교를 되살려 내는 것을 실현하려 했을지도 모른다. 근대의 관찰자들은 이에 대해 두 가지의 전혀 다른 의견으로 크게 나뉜다. 하나는 과학에 대한 요약적인 정보로, 다른 쪽은 괴짜의 괴상한 속임수가 바로 그것이다. 사실 그것들은 뉴턴에게 있어 동전의 양면 같은 것이다. 뉴턴에게 있어 그의 연구 속에서 서로 다르게 나뉘는 논거들이 사실은 훨씬 큰 개념의 일부일 뿐이라는, 중요한 점을 파악함은 그의 시야와 웅대한 목적들을 이해함에 있어 열쇠와 같은 역할을 할 것이다.

솔로몬의 성전과 꼭대기가 어떻게 보여지는가에 대한 현대적인 해석

가족관계

유년기에는 거의 버려진 채로 지냈고, 십대의 소년기에는 쫓겨나다시피 학교로 보내어 졌으며 캠브리지에서는 고독한 학자로 지내게 되었으니 뉴턴은 그의 인생에서 상당히 긴 시간 동안 고독한 독신자의 처지였음이 분명하다. 이렇게 전혀 가정적일 것 같지 않은 그가 인생의 후반에는 그의 조카딸인 캐서린 바톤(Catherine Barton)이 그의 가정부로 왔을 때부터 많은 친척들에게 마치 가장과 같은 역할을 하며 즐거워했다. 그리고 그는 그녀를 유일하게 여자로 여기며 오랫동안 관계를 유지하였다.

뉴턴은 개인적으로 금욕주의자이고 청교도적인 가치관을 가지고 있었기 때문에 국가가 재정을 낭비하는 것에 대해서 매우 화를 내곤 했지만, 그의 가족들의 씀씀이에 대해서는 관대하고 너그러웠다. 사실 뉴턴에게는 자식도 없었고 가족이라곤 모두 배다른 형제들뿐이었지만, 그의 외사촌 애시코프(Ayscough)와 이복형제들을 두고 볼 때 친척들의 수는 매우 많았으며, 그들 모두는 거의 다 가난하고 누군가로부터 도움을 받아야만 하는 처지였음이 틀림없었다. 그는 그들을 돕는 것과 또 그렇게 도울 수 있는 것에 대해서 매우 행복해하곤 했으며 조폐국에 있을 때 받은 돈과 그의 어머니로부터 유산을 물려받아 상당한 재력이 있었다.

겸손과 존경

캐나다에 있던 조카 로버트(Robert)가 죽자 뉴턴은 조카의 미망인과 그의 아이들을 위해서 4,000파운드를 들여 부지를 구입해 주었다. 또한 여러 조카들(Ayscoughs)에게 500파운드, 100파운드, 800파운드씩 보내주었다. 그는 삼촌의 딸인 캐서린 라스텔(Katherine Rastall)이 도와달라고 편지를 보내오자 즉시 경제적인 도움을 주기도 하였다("아저씨, 죄송하지만 저를 위해서 어느 정도의 재정 지원을 해 주실 수 없나요? 중략, 거듭 죄송하게 생각하지만 이번만 도와주시면 제가 최선을 다해서 열심히 살아 볼게요. 다시 한 번 당부드립니다"). 1723년에 마리 다비스(Mary Davies)로부터 받은 편지를 살펴보면 뉴턴은 아주 먼 친척에게도 지나칠 정도로 신경을 써서 잘 해주었다는 것을 알 수 있다. "존경하는 아저씨, 이렇게 간단하게 글을 써서 아저씨께 부탁을 드리게 되어 염치없지만, 아저씨는 항상 너그러운 분이시니 저에게 한두 푼 정도 도와주시면 뭐라 감사를 드릴 수 없을 거예요. 또 정말로 그렇게 해 주실 줄 믿구요. 그럼 꼭 부탁드립니다.(후략)"

아름다움의 절정

뉴턴의 친척 중에서 가장 눈여겨 볼만한 인물은 그의 조카 캐서린 바톤(Catherine Barton)이다. 그녀는 이복누이 한나 스미스(Hannah Smith)의 딸이기도 하고, 캐나다에서 죽은 조카와 남매지간이다. 그녀가 런던에 있는 뉴턴의 집에 와서 가정부로 일을 하게 된 것은 1696년 어느 때일 것으로 추정되는데, 그녀의 나이가 17세로 한창 때이었던 것만은 확실하다. 그 당시 뉴턴은 비좁고 답답하게 살고 있던 고층 빌딩에서 나와 저민(Jermyn Street)가의 한 주택으로 이사를 하였다. 캐서린은 미모와 지성을 모두 갖추고 있었을 뿐 아니라 시골 소녀다운 청순 발랄함까지 더하여 그의 삼촌은 물론이고 주위의 많은 사람들이 모두 마음을 빼앗길 정도로 호감이 가는 처녀였다. 어느 날 뉴턴의 집에서 저녁 파티가 열렸는데, 초대 손님 중 프랑스인 한 명이 다음과 같은 표현으로 그녀에게 구애를 하기도 하였다. "정말 캐서린은 아름답기도 할 뿐 아니라 밝은 성격을 가지고 있고 세련된 교양미까지 갖추고 있어서 첫눈에 반할 수 밖에 없게 만드는 군요."

"나는 너의 편지 두개를 가지고 있다. 너랑 같은 공기를 마시고 있어 기쁘다.
그리고 곧 열이 너에게서 떠나기를 바란다···. 너를 매우 사랑하는 삼촌이

– 천연두로 부터 그녀의 회복 문의하기 1700년, 선배로 쓰기

뉴턴이 1710년 9월부터 1722년 5월까지 살았던 런던의 성 마틴(St Martin's Street)거리의 집

　　그녀는 풍자작가인 요나단 스위프트(Jonathan Swift)와 같은 사람들과도 매우 친한 친구가 될 정도로 사회 각계 각층의 인사들로부터 미모의 여인으로 인정받게 되었으며 결국은 뉴턴의 친구이자 재무장관이며 정치적으로는 동맹인 할리팍스 경(Lard Halifax)의 애인이 되었다. 할리팍스는 1703년 킷캣클럽(Kit Kat Club)에서 저녁 만찬을 하는 도중 그녀에게 "아름다움의 절정"이라는 표현으로 찬사를 보내며 청혼을 하였다. 그들의 이런 관계는 그 당시한 때 스캔들이 되었고 뉴턴이 조폐국에서 그런 직위를 가지게 된 것도 조카인 캐서린이 할리팍스에게 영향을 주었기 때문이라는 오해까지 받게 되었다. 뉴턴에 대해서 높은 호감을 가지고 있던 볼테르(Voltaire)조차도 "미적분학과 중력 이론은 그의 예쁜 조카에 비하면 사실 아무것도 아닌 것과 같다."라고 쓸 정도였다. 그렇지만 사실은 캐서린이 런던에 도착하기 전에 이미 조폐국장의 직위에 당당히 올라있었다.

존 콘듀이트(John Conduitt)

　　할리팍스가 1715년 죽고 난 2년 후에 육군 장교인 존 콘듀이트가 뉴턴의 집에 왔다. 그는 최근에 스페인에서 고고학적인 유물 탐사를 막 마치고 돌아온 것이다. 그가 캐서린을 만났을 때는 캐서린은 그보다 10살 연상의 여인이었으나 만나자 마자 몇 주든 채 지나지 않아서 그들은 결혼을 하였다. 콘듀이트는 그의 새로운 삼촌인 뉴턴을 매우 좋아하여 그에 대한 전기문을 쓰려고 의도적으로 모든 대화를 받아 적었고 흩어져 있는 기록들을 모으기 시작하였다. 이렇게 모아진 기록들이 사실 콘듀이트에 의해 적혀진 것들은 아니지만 뉴턴의 삶에 대해 알려진 많은 것들의 근거가 되는 중요한 자료로 제공되었다. 캐서린은 새로운 남편을 따라 이사를 하였으나 그 두 부부는 뉴턴의 말년 동안 내내 지속적으로 뉴턴을 돌보았으며 결국 콘듀이트는 조폐국에서 뉴턴의 자리를 이어 받아서 근무를 하기도 하였다.

이중 잣대

뉴턴의 전기작가들은 그가 독실한 청교도이어서 성에 개방적인 그 당시의 사회 관습을 매우 못마땅하게 여기면서도 어떻게 공공연한 비밀로 알려진 캐서린과 할리팍스 사이의 정실 관계에 대해서는 모르는 체하거나 또는 알고 있지만 괜찮다고 여기는 태도를 보였는지 의아해 하고 있다. 어떤 정신분석학자의 해석에 따르면 자기의 친척인 조카딸과 자신의 친구 사이에 벌어진 정사는 자신이 어머니와의 육체적 사랑을 나누고 싶어하는 내면의 욕망을 대신 충족해 줄 수 있는 수단이 될 수 있었기 때문에 그런 일을 은근히 더 바라게 된 것이라고 하였다. 또는 그때 캐서린과 할리팍스는 사실혼의 부부로 사회적으로 인정되었고 뉴턴도 이런 관계를 인식하고 있을 수도 있었다.

마지막 몇 년

뉴턴은 84살까지 살았고 죽는 순간까지도 일을 할 수 있는 능력을 가지고 있었다. 그의 창의적 나날들은 이제 다 지나가버렸지만 그는 유산 상속에 대한 일을 처리하고 자신의 연표를 개정하는 작업을 계속하였다. 죽음의 시간이 다가오자 그는 훈장을 받을 사람으로 간주되었고 웨스트민스터 수도원에서 훌륭한 장례식을 치렀다. 아마 그는 지적인 성취만으로 그와 같은 영광을 얻은 첫 번째 사람일 것이다.

뉴턴이 쇠락하던 시기에 대한 일화들이 조금 남아있긴 하지만 그들 대부분은 뉴턴을 숭배하던 사람들이 퍼트린 것이다. 뉴턴을 숭배하지 않은 사람이 남긴 일화는 거의 없다. 콘듀이트는 의사들의 응원단장으로써 참여했고 골동품 연구가인 윌리엄 스터클리는 뉴턴과 동향 사람이었다. 두 사람은 친구가 되었고 스터클리가 그랜트햄에 왔을 때 그는 고향에서 떠도는 뉴턴의 어린 시절에 대한 이야기를 모으는데 참여했다. 훗날 전기 작가들은 스터클리가 모은 자료들이 귀중한 자료라고 평가했다.

의견을 내지 않는 것도 아니고 의기양양한 것도 아니고

콘듀이트는 노년기의 뉴턴은 조금 살집이 불어나긴 했지만 여전히 "매우 날카롭고 생기 있는 눈"을 가지고 있었으며 온 머리가 새하얬으며 한 개를 제외하고는 완전한 치아를 가지고 있었다고 회고했다(수은과 관련된 이야기를 떠올려보시오). 콘듀이트는 뉴턴이 "선천적인 겸손함과 검소함"을 보여주었으며 "매우 행복하고 왕성한 체질"을 가지고 있었다고 주장하였다. 물론 모든 사람들이 동의한 것을 아니지만 말이다. 토마스 헌은 뉴턴을 "유망해 보이는 측면이 전혀 없었다…. 그는 언제나 생각이 빠져 있었고 동료들과 말을 거의 하지 않았으며 그래서 말은 호감을 주지 않았다…."고 묘사했다. 스터클리의 주장은 험프리 뉴턴에게 허를 찔렀다. 험프리 뉴턴은 자신이 한 번도 자신의 스승이 웃는 것을 딱 한번 보았다고 이야

윌리엄 스터클리
(1687~1765)
골동품 연구가이자
뉴턴의 일화 수집가

기 했다(59쪽 참고). 험프리 뉴턴은 뉴턴의 유머감각은 부정하면서도 "내 관찰에 의하면 아이작 뉴턴 경은 매우 심각하고 틀에 박힌 생각만 하긴 했지만 나는 종종 뉴턴 경의 웃음을 보았다…. 동료들과 함께 있을 때면 뉴턴 경은 매우 호감 있게 행동하였다. 동료들과 함께 있을 때의 뉴턴은 예의 바르고 상냥했으며 크게 웃진 않았지만 미소 짓게 만드는 것이 어렵지는 않았다."고 주장했다. 그러나 여기서도 뉴턴의 오래된 성격을 확인할 수 있는 대목이 있다. 스터클리가 뉴턴에게 첫 번째로 묻지 않고 왕립 학회의 비서 후임으로 지원하였을 때 "아이작 뉴턴 경은 나에게 2~3년 간 쌀쌀맞았다." 자신에 대한 역사적인 연구와 동시에 뉴턴은 연구물의 개정판도 감독하였다. 그는 어린 수학자인 헨리 팸버튼에게 프린키피아의 개정 3판을 개정하도록 했다. 80살이 된 뉴턴과 함께 작업한 팸버튼은 "다른 사람들에게 종종 들었던 것과는 다르게 그의 기억력이 많이 쇠퇴하였음에도 불구하고 그는 자신의 작품을 정확히 이해하고 있었다. 나이나 평판은 그가 의견을 내지 못하도록 하지도 못했지만 의기양양하게 의견을 낼 수 있도록 하지도 못했다."

굉장히 쇠약해지다

뉴턴은 나이가 많이 들었음에도 불구하고 건강이 악화되기 전에는 왕립학회의 모임에 꾸준히 참석하였다. 노년기에 그는 초점이 흐려졌고 캠브리지 시절의 이야기 예를 들어 "그가 트리니티 대학 부엌에서 세 조각낸 뱀장어의 심장을 가지고 했던 유명한 실험(어느 부위에 거품을 떨어트리는 지는 전혀 영향이 없었다) 등의 이야기를 하며 쉽게 기뻐하였다. 그는 자선단체나 가족들에게 자비로웠다. 그러나 그의 건강은 지속적으로 악화되었다. 가장 큰 문제는 방광에 생긴 결석이었다. 결석은 요실금을 유발하였고 응혈과 함께 그가 휠체어를 탈 수 밖에 없도록 만드는 원인이 되었다. 그럼에도 불구하고 그는 완고하게 콘듀이트에게 걸어서 교회를 갈 것이라고 고집을 부렸다. "두 다리가 멀쩡한데 써야지."

웨스트민스터 수도원
뉴턴의 무덤은 이곳의 "과학자들의 자리" 중심에 있다.

뉴턴은 유언장을 남기지 않고 죽었고 이 때문에 그의 재산에 대한 다툼이 있었다. 그는 2,000권이 넘는 책을 가지고 있었고 출판되지 않은 원고들도 가지고 있었다. 유동자산만 32,000파운드가 있었는데 이는 당시에 꽤 큰 금액이었다.

1727년 초까지 제임스 스트링은 뉴턴이 "너무 쇠약해서 과거에 했던 것들을 할 수 없다."는 것을 알게 되었다. 그러나 뉴턴은 콘듀이트와 함께 시내에 갈 정도는 되었다(이때 뉴턴은 공기가 좋은 켄싱턴에 살고 있었다). 뉴턴이 시내로 간 이유는 가지고 있던 종이 뭉치들을 태우기 위해서였다. 종이 뭉치에는 비밀스런 원고도 포함되어 있었을 것이라고 생각된다. 3월 중순에 그는 결석으로 인한 고통스러운 발작을 경험했다. 그리고 그 후 며칠이 지나지 않아 3월 20일에 세상을 떠났다. 뉴턴은 죽으면서도 성교회 서약을 하는 것을 거부하였다. 웨스트민스터 대성당의 "유해 공개 기간"이 끝나자 뉴턴은 교회당의 중심부에 묻혔고 이 때 몇몇 귀족들이 참석하였다.

뉴턴 묘지의 바로크식 기념비
뉴턴이 쌓여있는 책에 기대어 있는 것을 형상화 하였다.

"1727년 3월 23일, 아이작 뉴턴 경의 죽음으로 인해서 회장의 자리는 비어있었고 그 날은 회의를 하지 않았다."

– 왕립학회의 의회 일지

뉴턴에 대한 신화 세우기

뉴턴이 살아있는 동안에도 뉴턴의 제자들은 뉴턴을 신격화하려고 했다. 1688년에 로피탈 후작은 "그는 정말 우리와 같은 사람인가요?"라고 물은 적이 있다. 콘듀이트는 뉴턴이 일반 사람과 달랐으며 자연이 신이 준 선물로 무장한 슈퍼맨이었다는 것을 증명하고자 했다. 뉴턴의 전설은 과학과 과학이 보이는 방식을 바꾸어 놓았다.

뉴턴은 자신의 업적이 끼치는 이미지에 대해 엄격히 제어했고, 논쟁에 대해서 병적으로 싫어했으며 영국의 과학을 세우는데 독자적인 역할을 했기 때문에 응원단의 보컬 밴드는 뉴턴이 살아 있는 동안에 그의 이미지가 정착하는 것을 도왔다. 험프리 뉴턴이나 존 콘듀이트 그리고 윌리엄 스터클리 등이 쓴 전기는 뉴턴이 죽고 난 후에 이런 그의 이미지가 굳는 것을 도왔다. 예를 들어 콘듀이트에 의하면 "뉴턴의 전 생애는 노동, 인내, 겸손, 절제, 온순함, 덕행, 악이 전혀 없는 경건함으로 가득 차있었다…"고 한다. 또 스터클리는 뉴턴이 겪은 죽음의 고통을 시적으로 나타내었다. "그와 같은 고통은 뉴턴이 위대한 정신을 발휘하게 했다. 뉴턴은 이런 시련을 놀랄만한 인내심으로, 참된 철학자의 자세로 참된 기독교인으로써 겪었다…."

연설

뉴턴이 죽은 뒤 몇 년 동안 뉴턴이라는 인물의 크기는 점점 더 커져갔다. 그는 빛의 철학자로 여겨지게 되었으며 계몽의 표준이 되는 일꾼으로 여겨졌다. 유럽에서 굉장히 유명했던 철학자이자 문학자인 볼테르는 "무한의 미로와 심연은 뉴턴에 의해서 개척된 새로운 여정이다. 그리고 그는 우리에게 미로를 빠져나갈 수 있는 한 가닥의 실을 주었다."는 기록을 남겼다. 뉴턴이 죽고 나서 3년 후에는 알렉산더 교황은 다음과 같은 유명한 문구를 남겼다. "자연과 자연의 법칙은 어둠 속에 가려져 있었다. 그리고 신께서 말하나니 뉴턴이 있으라. 그리고 모든 것은 빛으로 가득 찼다."

뉴턴의 힘

새로운 철학을 대중화하려는 시도가 이루어졌다. 한 이탈리아의 책은 아이작 뉴턴 경의 숙녀들의 쓰임에 대한 철학이라는 이름으로 번역된다. 이 책은 역자승의 법칙을 사용하여 헤어진 연인들 사이의 인력을 계산해내었다. 그러나 이 책의 주된 요점은 다른 방향에 놓여 있었다. 뉴턴의 철학이 빠르게 신조 속으로 파고들자 이런 방법을 통해서 뉴턴 철학의 힘은 불가사의한 것이라는 것을 보여주고자 했던 것이다. 핼리는 1682년에 지나갔던 혜성이 76년마다 되돌아 올 것이라는 예언이 적중하여 대중들을 놀라게 했다. 1715년에 그는 뉴턴의 시스템을 이용하여 전체 일식을 예언했었다. 왕립학회의 동료들은 이 현상을 관찰하기 위해 트리폴리(현재의 리비아)에서 찾아온 무슬림 사절과 함께 모였다. 윌리엄 휘스톤은 그의 반응을 다음과 같이 기록한다.

"[그는] 처음에 우리가 미쳤다고 생각했다. 그는 우리가 무슬림이 알 수 없는 전능한 신이 언제 해를 가릴지를 아는 척 한다고 생각했던 것이다…. 정확히 우리가 말한 순간에 일식이 진행되었을 때 우리는 그에는 다시 한 번 물었다. 자 이제 어떻게 생각하시나요? 그는 우리가 잡스러운 마술로 이것을 알아냈다고 생각한다고 답했다."

알렉산더 교황
(1688~744)

예술가이자 선지자인 윌리엄 블레이크
그는 뉴턴이 기하학에 몰두해서 자연의
창조적인 가능성을 보지 못했다고 주장
했다.

윌리엄 블레이크
(1757~827)

반격

　　자연 철학은 과학으로 발전했고 뉴턴 철학은 그 힘이 나날이 증가했
고 그 정도도 심해졌다. 뉴턴 철학은 우주를 정복하고자 했다. 프랑스의 뉴
턴으로 알려져 있는 피에르 시몬 라플라스는 이 세상 모든 것의 위치와 힘
이 알려진다면, 그리고 뉴턴의 법칙들이 적용된다면 "세상에 명확하지 않
은 것이란 없다. 그리고 과거에 그랬듯이 미래에는 그것을 눈으로 확인할
수 있을 것이다."고 선언했다. 필연적으로 여기에는 셀리나 키트와 같은
서정 시인의 반격이 있었다. 그들을 뉴턴이 무지개의 비밀을 풀어버렸다
고 고발했다. 선지자이자 예술가인 윌리엄 블레이크는 뉴턴이 산업 혁명
을 시작하게 한 책임이 있다고 생각하여 그를 "어둠의 힘"이라고 보았다.

　　그러나 이들 중의 대부분은 뉴턴에 대한 잘못된 이미지에서부터 시작
되었다. 그들은 뉴턴의 비밀스런 강박증과 종교적으로 정통파가 아닌 것
이 감춰져 있다고 생각했다. 1831년에 첫 번째 위대한 전기 작가로 출판되
지 않은 원고를 본 데이비드 브레스트는 여전히 다음과 같이 주장하고 있
다. "아이작 뉴턴 경이 연금술의 교의에 따져있었다고 믿을만한 증거가 전
혀 없다." 1930년대가 되어서야 뉴턴의 연금술과 관련된 기록이 존 메이
너드 케인즈의 손에 들어오게 되었다. 여기서 뉴턴의 진짜 정체성이 밝혀
진다. "아버지가 없는 유복자로 1642년의 크리스마스에 태어난 아이작 뉴
턴은 동방박사들이 진심이었는지, 그리고 그들이 적합한 공물을 바쳤는지
를 의심하는 마지막 아이였다."

"세네카 인에게 어떤 사람이 혜성이 어떤 궤도를 도는지, 왜 그들이 다른 천체들에서
멀리 떨어져 이동하는지, 그 혜성이 얼마나 큰지, 혜성이 무엇으로 구성되어 있는지를 증명할
것이라고 말해주자. 그는 아마도 노년에 놀라운 예언의 성취를 보게될 것이다."

– 험프리 뉴턴이 존 콘듀이트에게 쓴 편지

뉴턴은 실패하였는가?

뉴턴은 최초(논쟁의 여지가 있지만)의 과학자였으며, 아마도 과학도 모두를 통틀어 가장 훌륭한 이일 것이다. 그가 발견한 산물들과 그 방법(과정)들은 자연, 그리고 배운 바를 실천함에 있어 변혁을 가져왔으며, 근대의 세계의 형성에 많은 도움을 가져왔다. 그는 분명히, 어느 누구보다도 세상에 가장 많은 영향을 끼쳤던 사상가였다.

그가 그 자신에 대해 "그저 바닷가에서 놀기 좋아했던 한 남자아이"로 표현한 것은 잘 알려져 있다.
―과연 이것이 그저 겸손이었을까? 아니면 뉴턴은 자신의 실패에 대해 책임을 져야 할까?

자연의 책과 성서에 대한 탐구를 통하여 고대의 신학(Prisca sapientia), 그리고 고대의 철학(prisca theologia)을 복원하려던 뉴턴의 탐구심은 그가 살았던 시대 상황을 통해 이해될 수 있다. 수백 년 간 철학과 신학 두 세계를 무도 주름잡고 있었던, 고대로부터 내려온 확신이 모든 방면에서 공격받으며 무너져 내리고 있었다.

회의론이 불러온 난국

중세의 질서 아래에서 자연적, 그리고 영적인 세계에 대한 지식들은 당연히 신, 아리스토텔레스, 그리고 교회의 성경에서 나왔다. 아리스토텔레스는 자연적 세계에 대한 설명과 관련하여 절대적인 권위를 가지고 있었으며, 성경은 영적인 세계에 대하여 같은 권위를 가졌다. 교회는 둘의 권위를 사용해 그들을 해석하는데 힘을 쏟았다. 하지만 이 '확신의 시대'는 그러한 권위에 의문을 품고, 도전하고자 하는 '회의의 시대'에 자리를 넘겨주게 된다.

자연적 철학에 근거를 둔, 아리스토텔레스에 학문체계 아래에서 새로운 것을 배우려 하는 것은 매우 힘든 일이었다. 데카르트의 기계적 철학과 같은 세력들의 대두는 신이 우주의 생성에 있어 꼭 필요한 존재는 아닐 수도 있다고 제안하는 것처럼 보였다. 신학의 세계에서, 바로 그 종교개혁은 교회 권력에 대한 도전이자, 전복의 시도였다. 새로운 종파와 이에 따른 새로운 해석은 일대 혼란을 이끌어냈고, 국가들은 전쟁을 통해 서로 분열하고 반목했다. '수호신(혹은 악귀)에 영향을 받은' 데카르트에 연구(그는 자신의 뇌를 그들이 점거하고 허상을 실제처럼 보여준다고 상상했다.)에 의해 형성된 회의론은 당대의 난국을 불러일으켰다. 시대가 이러했으니, 누가 무엇이 옳다고 확신할 수 있었겠는가?

인류의 구원자?

베티 조 티터 돕스(Betty Jo Teeter Dobbs)에 따르면, 뉴턴은 "천년 왕국의 백성들과 인류 전체를 구원"하고 싶어 했다. 뉴턴은 다른 이들이 실패했던 부분에서 자신이 성공할 수 있을 것이라 믿

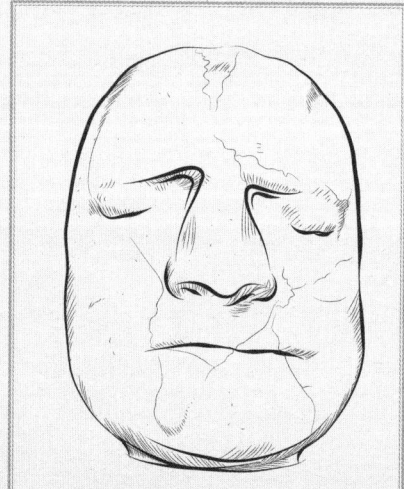

뉴턴의 인상적인 죽음 가면
유명한 조각가 Louis Francois Roubiliac의 작품, 현재 왕립학회에 소장되어 있음

었다. 데카르트는 수학을 통하여 확신할 수 있는 점들을 언명(言明)함으로서 갈등을 끝낼 수 있을 것이라 믿었고, 그와 동시대에 살았던 스코틀랜드의 목사 존 두리(John Dury)는 성경 철학에 근거한 해석이 진실로 가는 길이라 믿었다. 뉴턴이 진실로 특별했던 이유는 바로 한쪽으로만 접근하여 그 자신을 제한하지 않았기 때문이다. 그는 모든 가능한 방향으로의 해석을 행할만한 용기가 있었다. "그의 궁극적인 목적은 자연적 원리에서 근거한 수학적 법칙뿐만 아니라 신학적인 면 또한 잘 들어간 사실이었기 때문이다."라고 답스(Dobbs)는 설명한다. 뉴턴의 균형을 맞추고자 하는 조처는 그가 신학, 묵시록, 연금술, 역사, 그리고 현명한 고대인들로부터 받은 지식을 포괄한다. 이러한 전 방위의 분야를 총괄한 접근을 통해 뉴턴은 위대한 발견으로 나아갈 수 있게 된다.

진리의 파편

하지만 뉴턴이 이루고자 했던 궁극적인 목표는 그를 교묘하게 피해간다. 그가 성취해 낸 '세계의 원리'는 불완전했고, 완성되지 않았다. 그는 원자와 신성한 힘이 함께 산재한 법칙을 통해, 크고 작은 모든 범위의 자연적 세계를 합치는 데에 그치지 않고, 자연적인 물질 세계와 영적인 세계를 통합하기를 원했다. 그는 자연적 철학, 신학과 역사 등 모든 범위의 지식이 배경으로 깔린 하나의 통합된 이론으로 물질세계와 영적세계 간에 다리를 놓기를 원했다. 말년을 맞이하여 그는 이렇게 썼다. "나는 그저 보통보다 더 아름다운 조개껍질이나 더 매끄러운 조약돌을 진실이라는 거대한 대양의 해변에서 찾는 한 아이일 뿐이었다. 나를 앞서 지나간 사람들에서 발견되지 않은 것들 말이다." 일반적으로 이것은 그가 이룩해낸 산더미 같은 업적들을 마주하여 겸손을 표한 것으로 해석된다. 동시에, 이것은 다음 세대에게 그의 노력을 이어가라는 커다란 외침으로 해석되기도 한다. 그러나 이것은, 설교나 훈계가 아닌, 애도의 표시이다. 뉴턴은 스스로 진실의 대양을 가로질러 가, 고대의 신학을 복원해낼 것으로 믿었으나, 진리의 파편만을 가지고 돌아왔을 뿐이었다.

뉴턴은 초자연의 영역을 포함시키는 통일장 이론에서 미시적인 힘과 거시적인 힘들을 합치는 것을 꿈꾸었다.

"모든 자연을 어떤 한사람이나 또는 한시대 사람에게 설명하는 것은 너무 어렵다.
이것은 진실성을 가지고 조금씩 하는 것이 훨씬 좋다.
그리고 다음 세대들을 위하여 나머지를 넘기고 떠난다."

신이 '뉴턴이 있어라' 함에 모든 것은 빛 속에 드러났다.
GOD SAID, 'LET NEWTON BE' AND ALL WAS LIGHT

아이작 뉴턴 경

1642–1727

Bibliography and References

The best place to read Newton's own notebooks, alchemical and theological papers and much other material relating to him is online at the Newton Project: www.newtonproject.sussex.ac.uk

Cohen, I.B. and Smith, G.E. (eds.) *The Cambridge Companion to Newton*, Cambridge University Press, 2002

Dobbs, B.J.T. *The Foundations of Newton's Alchemy, or "The Hunting of the Greene Lyon,"* Cambridge University Press, 1975

_____. *The Janus Faces of Genius: The Role of Alchemy in Newton's Thought*, Cambridge University Press, 1991

Edleston, J. (ed.) *Correspondence of Sir Isaac Newton and Professor Cotes*, John W. Parker, 1850

Fauvel, J. Flood, R., Shortland, M., and Wilson, R. (eds.) *Let Newton Be!* Oxford University Press, 1988

French, P.J. *John Dee: The World of an Elizabethan Magus*, Routledge and Kegan Paul, 1972

Gjertsen, D. *The Newton Handbook*, Routledge & Kegan Paul, 1986

Gleick, J. *Isaac Newton*, Fourth Estate, 2003

Hall, A.R. *Philosophers at War: The Quarrel between Newton and Leibniz*, Cambridge University Press, 1980

Harkness, D.E. *John Dee's Conversations with Angels: Cabala, Alchemy, and the End of Nature*, Cambridge University Press, 1999

Henry, J. *Knowledge is Power: How Magic, the Government and an Apocalyptic Vision inspired Francis Bacon to Create Modern Science*, Icon Books, 2002

Iliffe, R. *A Very Short Introduction to Isaac Newton*, Oxford University Press, 2007

Mandlebrote, S. *Footprints of the Lion: Isaac Newton at Work*, Cambridge University Library, 2001

Manuel, F. *A Portrait of Isaac Newton*, Harvard University Press, 1968

Maunder, E.W. "The Royal Observatory Greenwich: A glance at its history and work"; http://atschool.eduweb.co.uk/bookman/library/ROG/INDEX.HTM, accessed December 2008

Newton, I. *Opticks*, Prometheus Books, 2003

_____. *Principia, The Mathematical Principles of Natural Philosophy*, translated by Motte, A., revised by Cajori, F., University of California Press, 1962

Palter, Rt. *The Annus Mirabilis of Sir Isaac Newton 1666–1966*, MIT Press, 1970

Pickover, C.A. *Strange Brains and Genius*, Plenum Press, 1998

Pourciau, B. "Reading the Master: Newton and the Birth of Celestial Mechanics," *American Mathematical Monthly*, January 1997

Purkiss, D. *The English Civil War: A People's History*, Harper Perennial, 2007

Sabra, A.I. *Theories of Light from Descartes to Newton*, Cambridge University Press, 1981

Stukeley, W. *Memoirs of Sir Isaac Newton's Life*, 1752, Taylor & Francis, 1936

Sullivan, J.W.N. *Isaac Newton 1642–1727*, Macmillan and Co., 1938

Tomalin, C. *Samuel Pepys: The Unequalled Self*, Penguin, 2003

Turnbull, H.W., Scott, J.F., Hall, A.R., and Tilling, L. (eds.) *The Correspondence of Isaac Newton*, Seven Volumes, Cambridge University Press, 1959–77

Webster, C. *From Paracelsus to Newton: Magic and the Making of Modern Science*, Cambridge University Press, 1982

Westfall, R.S. *Never at Rest: A Biography of Isaac Newton*, Cambridge University Press, 1980

White, M. *Isaac Newton: The Last Sorcerer*, Fourth Estate, 1998

Index

Credits

Page 3 left reproduced
with permission from
www.shinyshack.com
Page 3 right PD
Page 5 Library of Congress
Prints and Photographs
Division
Page 7 PD
Page 9 Library of Congress
Prints and Photographs
Division
Page 14 PD
Page 15 PD
Page 18 PD
Page 29 Library of Congress
Prints and Photographs
Division
Page 31 © Bettmann/
CORBIS
Page 33 © Bettmann/
CORBIS
Page 34 © Bettmann/
CORBIS
Page 37 right PD
Page 40 © Dreamstime

Page 43 top PD
Page 43 bottom PD
Page 45 Library of Congress
Prints and Photographs
Division
Page 46 PD
Page 50 © Bettmann/
CORBIS
Page 52 PD
Page 53 PD
Page 55 © Hulton/CORBIS
Page 57 © Bettmann/
CORBIS
Page 59 © Bettmann/
CORBIS
Page 60 © Dreamstime
Page 61 © Bettmann/
CORBIS
Page 62 Library of Congress
Prints and Photographs
Division
Page 65 PD
Page 66 PD
Page 67 left PD
Page 67 right PD
Page 68 PD
Page 70 PD
Page 71 © Bettmann/
CORBIS
Page 73 Library of Congress
Prints and Photographs
Division
Page 74 PD
Page 75 © Bettmann/
CORBIS
Page 78 PD

Page 79 top © Dreamstime
Page 81 top © Bettmann/
CORBIS
Page 83 © Mary Evans
Picture Library
Page 85 PD
Page 88 NASA
Page 89 © Bettmann/
CORBIS
Page 91 Library of Congress
Prints and Photographs
Division
Page 96 © Bettmann/
CORBIS
Page 97 © Bettmann/
CORBIS
Page 98 PD
Page 99 PD
Page 100 PD
Page 101 © iStockphoto
Page 103 top PD
Page 103 center PD
Page 103 bottom PD
Page 104 PD
Page 106 PD
Page 107 top PD
Page 107 bottom PD
Page 109 Library of Congress
Prints and Photographs
Division
Page 110 PD
Page 111 © Bettmann/
CORBIS
Page 112 PD
Page 113 PD
Page 115 © Bettmann/
CORBIS

Page 117 PD
Page 119 © Bettmann/
CORBIS
Page 121 PD
Page 125 top PD
Page 125 bottom PD
Page 127 © Getty Images
Page 128 PD
Page 130 © Bettmann/
CORBIS
Page 131 NASA
Page 133 © Bettmann/
CORBIS
Page 134 left PD
Page 134 right PD
Page 135 © Getty Images
Page 139 Library of Congress
Prints and Photographs
Division
Page 140 PD
Page 141 PD
Page 143 PD
Page 144 PD
Page 145 © Hutton/CORBIS
Page 146 © Bettmann/
CORBIS
Page 149 © Bettmann/
CORBIS
Page 150 PD
Page 151 PD
Page 152 PD
Page 153 left © Bettmann/
CORBIS
Page 154 Library of Congress
Prints and Photographs
Division